"十四五"职业教育国家规划教材

"十三五"职业教育国家规划教材
"十二五"职业教育国家规划教材

风力发电技术（第二版）

主　编　洪　霞　黄华圣
副主编　郑　宁　曹连芃
编　写　蒋正炎　彭　婧
主　审　康书亭

中国电力出版社
CHINA ELECTRIC POWER PRESS

内 容 提 要

本书分为基础篇和应用篇两部分，内容反映风力发电的技术趋势，对接风力发电运行检修员职业岗位能力需求，围绕风力发电的基本知识、异步双馈风力发电机及永磁同步风力发电机典型机组的工作原理等内容展开，强调引入风力发电场最新技术的应用，体现了高等职业教育课程改革的经验。书中不仅有应知应会的知识点，也有递进的拓展学习性工作任务，便于读者学习使用。

本书可作为高职高专院校新能源发电工程类专业及其他相关专业的教学用书，也可作为风电企业技术培训参考教材和企业专业技术人员的参考工具书。

图书在版编目（CIP）数据

风力发电技术/洪霞，黄华圣主编 . —2 版 . —北京：中国电力出版社，2019.10（2024.7重印）
"十二五"职业教育国家规划教材
ISBN 978 - 7 - 5198 - 3921 - 5

Ⅰ.①风… Ⅱ.①洪… ②黄… Ⅲ.①风力发电－高等职业教育－教材 Ⅳ.①TM614

中国版本图书馆 CIP 数据核字（2019）第 237084 号

出版发行：中国电力出版社
地　　址：北京市东城区北京站西街 19 号（邮政编码 100005）
网　　址：http://www.cepp.sgcc.com.cn
责任编辑：李　莉（010 - 63412538）
责任校对：黄　蓓　王海南
装帧设计：赵丽媛
责任印制：吴　迪

印　　刷：廊坊市文峰档案印务有限公司
版　　次：2014 年 8 月第一版　2019 年 10 月第二版
印　　次：2024 年 7 月北京第八次印刷
开　　本：787 毫米×1092 毫米　16 开本
印　　张：11.25
字　　数：280 千字
定　　价：36.00 元

版 权 专 有　侵 权 必 究
本书如有印装质量问题，我社营销中心负责退换

前　言

在中国，风电已经成为仅次于火电、水电的第三大电源。40多年来，中国风电行业产业发展从零起步，走过了一条迂回曲折又波澜壮阔的崛起之路。截至2020年，我国风电累计装机容量超过2.9亿千瓦，并网装机容量达7167万千瓦，成为名副其实的全球第一风电大国。

2014年，本书第一版作为"十二五"职业教育国家规划教材出版，主要介绍了风力发电基础理论、风能的利用、风力发电设备的分类及特点、风力发电场的企业技术标准和先进技术内容。2019年修订，2020年列入"十三五"职业教育国家规划教材，2023年列入"十四五"职业教育国家规划教材。

"书的再版就像给房子重新装修，不是推倒重来，而是选择性地进行整理。"管理大师汤姆·彼得斯在《追求卓越》再版时曾这样说。作为《风力发电技术》教材的第二版，以"读者好用、实用"为目标，保留了第一版的内容和模块，在组织形式和数字资源、案例素材等方面进行了更新和丰富。教材系响应高等职业教育"三教"改革的号召，紧密结合风电企业生产过程实际，由校企合作共同开发的。教材配套丰富的数字资源（包括虚拟动画、视频、工程案例、操作手册和用户指南、风机常用英汉词汇对照表、中国风电行业相关政策和标准列表、电子课件、课程思政等，可扫描封面二维码获得；每章首页的二维码整理了本章数字资源，并在文中用📱标注动画视频具体位置）。教材的编写力求深入浅出、图文并茂；为满足项目教学的需要，在应用篇（第六、七章）后配有项目拓展训练，培养学生自主学习和实践。

本教材策划得到了浙江天煌科技实业有限公司黄华圣的悉心指导；武汉电力职业技术学院洪霞参与编写第一、二、五章及附录；武汉电力职业技术学院彭婧参与编写第二章；常州工业职业技术学院蒋正炎、武汉电力职业技术学院李向菊共同编写第三章；深圳能源集团教授级高工曹连芃编写第四章；浙江正泰智维能源服务有限公司李建洲参与编写第五章；天津中德应用技术大学郑宁编写第六、第七章；武汉电力职业技术学院王莺子参与编写第六章；武汉电力职业技术学院陈子玉参与编写第七章；武汉电力职业技术学院古小琴参与附录的编写和教材的统稿工作。

教材编写参阅了大量文献资料，得到了中国广核新能源控股有限公司及诸多风电行业专家的支持，特别是中广核风电有限公司康书亭先生、国家电投集团云南国际电力投资有限公司吴小林先生、国能重庆风电开发有限公司梁正武先生的鼓励和支持；曹连芃先生作为退休的资深专家坚持新能源的教育与科普，为本教材开发了丰富的三维图文、动画；金风海上风机工程及运维技术室——海上风电设计研究院的庞小龙先生对教材第四章的编撰提供了资料；原天津中德职业技术学院汤晓华教授对本教材的编写给予了很多的指导与帮助；全国电力行指委对本书的编写给予了大力支持，在此一并感谢。

由于编者的水平有限，时间仓促，书中不妥之处，恳请读者批评指正。

编　者
2023年7月

第一版前言

21世纪，中国和世界经济的发展都翻开了新的一页，而经济的增长依赖于能源的配套供应。风能是太阳能的一种转换形式，是一种重要的自然能源。据有关资料推算，全球的风能资源比地球上可开发利用的水能总量还要大10倍。目前，风力发电量占全球发电总量的比例不到1%，预计到2020年，风力发电将提供世界电力需求的10%。国家对风电产业扶持态度明确，国内风电行业风生水起，但相关领域人才相对匮乏。风电人才包括风资源评估人员、研发人员、工程师、制造企业工人、运行维护人员等。据有关统计，"到2020年，中国风电人才缺口将在40万人左右，其中高端人才占比高达40%，特别是一些技术性更强的技术人才极度缺乏。"

当今风电场缺乏专业的运行维护人员。但风电有其特殊性，近年来吊装和调试过程中出现了人员伤亡等重大事故，主要是因为违规操作，而违规操作的主要原因是不了解风机原理。吊装涉及自然风，要注意什么风力下可以吊装，安装调试也存在安全问题，例如调试叶片应该顺桨刹车，如果调试的时候没有顺桨刹车，突然来了阵风，再加上没有并网复合，就会出现飞车事故。我国风电行业未来还会有长足发展，如此多的风机，需要大量的风电技术运行维护人员。

2006年后，国内陆续有近百所院校开办了新能源发电工程类专业。风电场的技术在不断发展，运行与管理模式也在发展，目前高职院校的人才培养方案需要不断完善，教学标准和完整的课程教材亟待建设。

本教材涉及风力发电技术方面的内容，是新能源发电工程类专业的核心课程，依据风力发电运行检修员职业标准所要求的核心知识与技能，融入风力发电场的企业技术标准和先进技术内容，与风力发电运行检修员职业标准所要求的应知、应会相对应，与学生毕业后从事的风力发电场运行与维护、风电设备制造企业安装、调试、检修等岗位对接。

随着高职教育教学改革的深入，基于工作过程的课程由校企合作共同开发教材成为主流。教材的编写力求深入浅出、图文并茂。为满足项目教学的需要，在应用篇（第六章、第七章）后配有拓展工作任务，培养学生自主学习和实践的能力。同时配套了图纸、图片、虚拟动画、视频、试题等丰富的助学资源和电子课件、参考教案、工程案例库、习题库等助教资源。

教材力求在讲清基本概念、基本理论的基础上，强调工程实际应用，教材注重内容的实用性、针对性、时代性、先进性，将龙头企业最新的技术成果、典型风电场实际工程案例纳入教材。笔者尝试从工程的角度出发，按照专业对应的职业特征，培养学生的工程素养以及应用技术分析问题、解决问题的能力。

本教材由天津中德职业技术学院汤晓华和浙江天煌科技实业有限公司黄华圣共同策划并统稿，汤晓华编写了第一～三章的内容；汤晓华、深圳能源集团教授级高工曹连芫共同编写第四章的内容，武汉电力职业技术学院洪霞编写了第五章及附录的内容，天津中德职业技术学院郑宁、黄华圣共同编写了第六章的内容；汤晓华、黄华圣、郑宁、常州轻工职业技术学院蒋正炎共同编写了第七章的内容。

　　教材编写中参阅了大量文献资料，得到了风电行业许多专家的支持。中广核风电有限公司康书亭先生对书稿进行了认真的审阅；曹连芃教授退休后致力于新能源基础教育与科普工作，为本教材绘制了许多三维图片，令人敬佩；全国电力行指委对本书的编写给予了支持，在此一并感谢。限于编者水平，加之时间仓促，书中不妥之处，恳请读者批评指正。

编　者

2014 年 6 月

目　　录

第一章

风力发电的认识

第一章数字资源

有一样东西，你肯定不陌生，那就是儿童们逢年过节玩耍的"风车"。其实，风力发电机就是由它逐渐演变而来的。

玩具风车产生的年代较早，在辽阳三道壕出土的东汉晚期汉墓壁画中就已出现，由此可以推断，这种风车至少已有 1700 多年的历史了。有关风车的记载，还可见于明代刘侗所著《帝京景物略》一书，在该书中是这样介绍风车的："剖秫秸二寸，错互贴方纸其两端。纸各红绿，中孔以细竹横安秫竿上，迎风张而急走，则旋转如轮，红绿浑浑如晕，曰'风车'。"

不难想象，根据同样的原理，只要采用强固的材料来替换玩具风车所用的秫秸，并从尺寸上加以适当放大，便成为一台生产上可以用作动力的水平轴风力机，如果再配以发电机，并组成一个整体的话，那就成了一台风力发电机。 动画01,02

第一节　风力发电的历史

风能的利用，已有数千年的历史，在蒸汽机发明以前，风能曾经作为重要的动力，用于船舶航行、提水饮用和灌溉、排水造田、磨面和锯木等。最早的利用方式是"风帆行舟"。埃及被认为可能是最早利用风能的国家，约在几千年前，他们的风帆船就在尼罗河上航行。

我国是最早使用帆船和风车的国家之一，至少在 3000 年前的商代就出现了帆船。在距今 1800 年以前，东汉刘熙所著的《释名》一书上，对帆字做了"随风张幔曰帆"的解释；唐代有"乘风破浪会有时，直挂云帆济沧海"的诗句，可见那时风帆船已广泛用于江河航运。最辉煌的风帆时代是中国的明代，14 世纪初，中国航海家郑和七下西洋，庞大的风帆船队功不可没。明代以后，风车得到了广泛的使用，宋应星的《天工开物》一书中记载有："扬郡以风帆数扇，俟风转车，风息则止"，这是对风车的一个比较完整的描述。方以智著的《物理小识》记载有："用风帆六幅，车水灌田，淮阳海皆为之"，描述了当时人们已经懂得利用风帆驱动水车灌田的技术。灌溉或制盐的做法一直延续到 20 世纪 50 年代，仅在江苏沿海利用风力提水的设备曾达 20 万台。

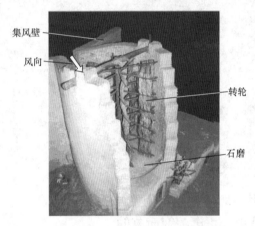

集风壁
风向
转轮
石磨

图 1-1　古代波斯的风车

1. 第一个风车

人类运用风能的历史悠久，早在公元 7 世纪，最早的风车建在波斯（今伊朗），主要用来碾磨粮食。图 1-1 揭示了古代波斯风车的工作原理。

早在 1300 多年前，中国就已经出现一种古老的垂直轴风车。如图 1-2 所示，风的力量推动织物转轮，促使垂直轴带动下方的磨石旋转。风轮的位置是固定的，转动过程中，始终有一半的风轮在背风侧，当然这只适合固定风向。

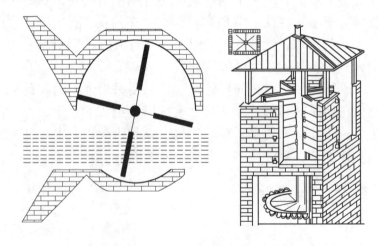

图 1-2　中国的垂直轴风车

2. 塔式风车

图 1-3 是过去 1000 年左右在地中海地区盛行的塔式风车。这类风车配带帆、风轮旋转，通过齿轮传动机构，以移动磨石，在一些国家沿用至今。

12 世纪，风车从中东传入欧洲。16 世纪，荷兰人利用风车排水、与海争地，在低洼的海滩地上建国立业，逐渐发展成为一个经济发达的国家。今天，荷兰人将风车视为国宝，北欧国家保留的大量荷兰式大风车，已成为人类文明发展的见证。

从中世纪到 18 世纪，德国式风车是最常见的类型，在欧洲中部和东部常可看到如图 1-4 所示的风车，这种风车设计能够跟随风向变化，整个磨坊可以通过尾翼旋转，磨坊安装在基座上。

3. 荷兰的风车

图 1-3　地中海的塔式风车

17 世纪，风车发展到了较先进的阶段，荷兰人发明了水平轴的风车。荷兰风车的发展考虑了风向的变化，如图 1-5 所示，屋顶冠上安装风车旋转的叶片，沿着塔的边缘安装辊，风车的尾翼被用来按照风向进行偏转。这样的风车磨坊是固定的，这使得它更稳定，功率更大。

图 1-4　德国式风车

图 1-5　荷兰风车 动画03

欧洲到中世纪才开始广泛利用风能，18 世纪荷兰曾利用近万座风车将海堤内的水排干，造出相当于国土面积三分之一的良田，成了著名的风车之国。这种风车在欧洲大陆和英国的乡村是很普遍的，成为机械能的主要来源。

4. 现代的风力发电机

在蒸汽机出现之前，风力机械是动力机械的一大支柱，其后随着煤、石油、天然气的大规模开采和廉价电力的获得，各种曾经被广泛使用的风力机械，由于成本高、效率低、使用不方便等原因，无法与蒸汽机、内燃机和电动机等竞争，逐渐被淘汰。

风能动力的应用已有数千年的悠久历史，但风力发电的研发始于 19 世纪末期，丹麦人首先研制了风力发电机。1891 年，丹麦建成了世界第一座风力发电站。风力发电在解决发展中国家无电农牧区居民的用电问题起到了重要的作用。特别是 20 世纪 70 年代以后，利用风力发电进入了一个蓬勃发展的阶段，世界不同地区建立了许多大中型的风电场。

工业革命以来，世界能源消费剧增，煤炭、石油、天然气等化石能源资源消耗迅速，生态环境不断恶化，特别是温室气体排放导致日益严峻的全球气候变化，人类社会的可持续发展受到严重威胁。风能是取之不尽用之不竭的可再生能源，开发利用风力资源，发展风力发电，有利于保护环境，改善能源结构。

风力发电近几年来有了很大的发展，已从独立的小型风力发电机组，发展到以并网为主的兆瓦级以上风力发电机组组成的风力发电场。维斯塔斯风力系统如图 1-6 所示。我国风力资源较丰富的地区，如新疆（见图 1-7）、内蒙古、浙江、广东、辽宁等省（自治区）相继出现了一批已投入运行的总装机容量在万千瓦以上的风力发电场，更有千万千瓦级风电基地建成。预计到 21 世纪中叶，风能将会成为世界能源供应的支柱之一，成为人类社会可持续发展的主要动力来源。

图 1-6　维斯塔斯风力系统

图 1-7　新疆达坂城风电场 动画04

第二节　风 力 发 电 概 述

风力发电的原理说起来非常简单，最简单的风力发电机由叶轮和发电机两部分构成，如图 1-8 所示。空气流动的动能作用在叶轮上，将动能转换成机械能，从而推动叶轮旋转。如果将叶轮的转轴与发电机的转轴相连，就会带动发电机发出电来。孩童玩的纸质风车就是风力机的雏形，在它的轴上装台极微型的发电机就可发电。

风力发电的原理这么简单，为什么到 20 世纪的中后期才获得应用呢？

第一，常规发电还能满足基本需要，社会生产力水平不够高，还无法顾及降低环境污染和解决偏远地区的供电问题。

第二，能够并网的风力发电机的设计与制造，只有在现代技术水平下才可能实现，20世纪初期是造不出现代风力发电机的。

那么，现代风力发电机是什么样呢？下面我们就介绍一下现代风机的结构与技术特点。

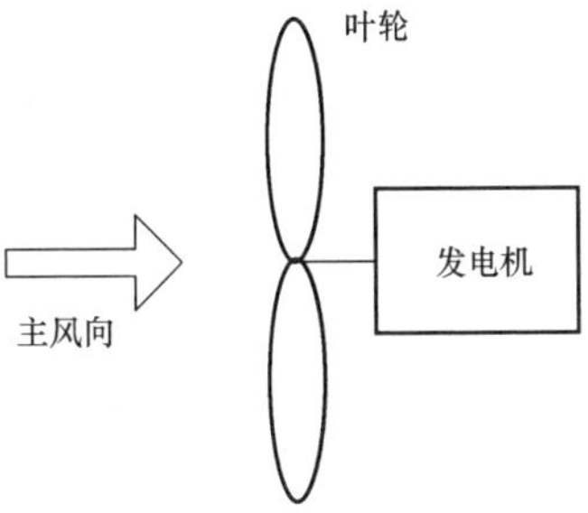

如图1-8所示的风力发电机发出的电时有时无，电压和频率都不稳定，是没有实际应用价值的。当你急需用电时，可能无风；当你不想用电时负载很轻，一阵狂风吹来，风轮越转越快，系统就会被吹垮。

图1-8　风力发电的
原理示意 🔲动画05

为了解决这些问题，现代风机增加了齿轮箱、偏航系统、液压系统、刹车系统和控制系统等，可根据需要并网。现代风力发电机系统的示意如图1-9所示。

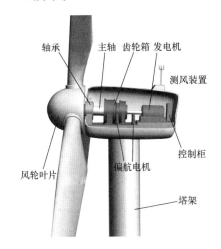

图1-9　现代风力发电机系统示意

齿轮箱可以将很低的风轮转速（600kW的风机通常为27r/min）变成很高的发电机转速（通常为1500r/min），同时也使得发电机易于控制，实现稳定的频率和电压输出。偏航系统可以随时跟风，使风轮扫掠面总是垂直于主风向。要知道，600kW的风机机舱总重20多吨，使这样一个系统随时对准主风向具有相当的技术难度。

风机是有许多转动部件的。机舱在水平面旋转，随时跟风；风轮沿水平轴旋转，以便产生动力；在变桨距风机中，组成风轮的叶片要围绕根部的中心轴旋转，以便适应不同的风况。风大时，减小叶片迎风面，既能发电又能保护风机；风小时，增加迎风面以便提高出力。在停机时，有的风机叶片尖部要甩出，以便形成阻尼。液压系统就是在调节叶片桨距、阻尼、停机、刹车等状态下使用。

控制系统是现代风力发电机的神经中枢。现代风机是无人值守的。就600kW风机而言，一般在4m/s左右的风速自动启动，在风速达到14m/s左右发出额定功率。然后，随着风速的增加，一直控制在额定功率附近发电，直到风速达到25m/s时自动停机。现代风机的存活风速为60～70m/s，也就是说在这么大的风速下风机也不会被吹坏。要知道，通常所说的12级飓风，其风速范围也仅为32.7～36.9m/s。可以说，风机通常能抗17级强台风。风机的控制系统，要在这样恶劣的条件下，根据风速、风向对系统加以控制，在稳定的电压和频率下运行，自动地并网和脱网；并监视齿轮箱、发电机的运行温度，液压系统的油压，随时显示各种运行参数，对出现的任何异常进行报警，必要时自动停机。

风轮是风电机组最主要的部件，由桨叶和轮毂组成。桨叶具有良好的空气动力外形，在气流作用下能产生空气动力使风轮旋转，将风能转换成机械能，再通过齿轮箱增速驱动发电机，将机械能转变成电能。在理论上，最好的风轮只能将约60%的风能转换为机械能。现代风电机组风轮的效率可达到40%。在风电机组的输出功率达到额定功率之前，其功率与风速的立方成正比，即风速增加1倍，输出功率达到8倍，由此可见风力发电的效率与当地的风速关系极大。

风力发电的运行方式主要有两类。一类是独立运行供电系统，即在电网未通达的偏远地区，用小型风电机组为蓄电池充电，再通过逆变器转换成交流电向终端电器供电，单机容量一般为100W～10kW；或者采用中型风电机组与柴油发电机或太阳光电池组成混合供电系统，系统的容量约为10～200kW，可解决小的社区用电问题。另一类是作为常规电网的电源，与电网并联运行，并网风力发电是大规模利用风能最经济的方式。机组单机容量范围在200kW以上，既可以单独并网，也可以由多台，甚至成百上千台组成风力发电场，简称风电场。

风电技术进步很快，风电机组科技含量高，机组可靠性高，技术日趋成熟。虽然目前风电机组成本还比较高，但随着生产批量的增大和进一步的技术改进，成本将继续下降。风电的突出优点是环境效益好，不排放任何有害气体和废弃物。风电场虽然占了大片土地，但是风电机组基础使用的面积很小，不影响农田和牧场的正常生产。多风的地方往往是荒滩或山地，建设风电场的同时也开发了旅游资源。

由于风速、风向、时间、大小是变化的，风电的不稳定性会给电网带来一定影响，目前许多电网内都建设有调峰用的抽水蓄能电站，使风电的这个缺点可以得到一定程度的克服。

第三节 风力发电的发展

地球上所接收到的太阳辐射能大约有2%转换成风能，全球的风能约为274万GW，其中可利用的风能约为2万GW，是地球上可开发利用的水能总量的10倍。

风电技术日趋成熟，产品质量可靠，可用率已达95%以上，已是一种安全可靠的能源，风力发电的经济性日益提高，发电成本已接近煤电，低于油电与核电。风力发电场建设工期短，是煤电、核电无可比拟的。对沿海岛屿、交通不便的边远山区、地广人稀的草原牧场，以及远离电网和近期内电网还难以覆盖的农村、边疆来说，可作为解决生产和生活能源的一种有效途径，风能作为一种高效清洁的新能源有着巨大的发展潜力。

从可持续发展看，人类当前主要依靠的化石能源终将耗竭，未来的主要能源只能依赖于可再生能源和受控核聚变能，对此，科技界已形成共识。风能作为一种取之不尽、用之不竭的清洁可替代能源，风力发电成为目前新能源发电技术中最成熟、最具有大规模开发条件和商业化发展前景的发电方式。

1. 我国的风力发电现状

中国幅员辽阔，海岸线长，拥有丰富的风能资源，年平均风速6m/s以上的内陆地区约占全国总面积的1%，仅次于美国和俄罗斯，居世界第三位。据我国第三次全国风能资源调查，利用全国2000多个气象台站近30年的观测资料，调查结果表明：我国可开发风能总储量约有43.5亿kW，其中可开发和利用的陆地上风能储量有6亿～10亿kW，近海风能储量有1亿～2亿kW，共计7亿～12亿kW。

中国地形条件复杂，风能资源分布极不均衡。主要分布在两大风带：

一是"三北地区"（东北、华北北部和西北地区）。该地区包括东北三省、河北、内蒙古、甘肃、青海、西藏、新疆等省区近 200km 宽的地带，是风能丰富带，该地区可设风电场的区域地形平坦，交通方便，没有破坏性风速，是我国连成一片的最大风能资源区，适于大规模开发利用。

二是东部沿海陆地、岛屿及近岸海域。冬春季的冷空气、夏秋的台风，都能影响到该地区沿海及其岛屿，是我国风能最佳丰富带，年有效风功率密度在 200W/m² 以上，如台山、平潭、东山、南鹿、大陈、嵊泗、南澳、马祖、马公、东沙等地区，年可利用小时数在 7000～8000h。东南沿海由海岸向内陆丘陵连绵，风能丰富地区距海岸仅在 50km 之内。

我国风电行业起步较晚。改革开放以来，我国风电行业从零开始，一步步发展成为位居全球前列的风电大国，目前风电开发建设规模已位居世界第一。尤其是从"十一五""十二五"到"十三五"期间，我国风电经历了飞速发展的 15 年，"十三五"期间，我国风电装机容量累计新增 1.8 亿 kW，是"十二五"期间风电累计装机容量的 1.5 倍；2020年，我国风电新增装机容量 7167 万 kW，新增装机规模领跑全球，占全球总新增装机规模的 2/3，是美国的 5 倍；截至 2020 年底数据统计，我国风电装机容量 2.9 亿 kW，占全国发电总装机容量的 13%。风电已成为国内继火电、水电之后的第三大电源。"十三五"期间，我国风电新增装机容量、累计装机容量及在全国发电总装机容量中的占比情况见表 1-1。

表 1-1   "十三五"期间我国风电新增装机容量、累计装机容量及占比

年份	新增装机容量/万 kW	累计装机容量/万 kW	累计装机容量在全国总发电装机容量中的占比/%
2015	3418	13 075	8.6
2016	1672	14 747	8.9
2017	1653	16 400	9.2
2018	2027	18 427	9.7
2019	2574	20 915	10.4
2020	7167	28 153	12.7

截至 2020 年底，全国十大风电装机省份排名如图 1-10 所示。

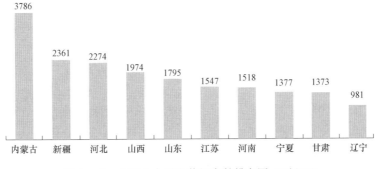

图 1-10   全国十大风电装机省份排名图（万 kW）

　　近年来海上风电发展也是风起云涌。中国海岸线长约 1.8 万 km，岛屿 6000 多个。近海风能资源主要集中在东南沿海及其附近岛屿，有效风能密度在 300W/m² 以上。5～25m 水深、50m 高度海上风电开发潜力约 2 亿 kW；5～50m 水深、70m 高度海上风电开发潜力约 5 亿 kW。除了丰富的海上风能资源外，中国东部沿海地区经济发达，能源需求大；电网结构强，风电接网条件好，因此，中国发展海上风电具有得天独厚的优势。

　　作为主要的风电建设国家，中国在海上风电领域的建设规模明显落后于陆上风电。中国海上风电起步较晚，但凭借国家政策支持和产业链的不断完善，近些年来发展迅速并蕴藏着巨大的潜力。《2020 年中国风电行业深度报告》显示，我国海上风电新增装机 306 万 kW。截至 2020 年底，全国海上风电累计装机容量达 939 万 kW。2014—2020 年期间，我国海上风电新增装机容量、累计装机容量情况如图 1-11 所示。

图 1-11　2014—2020 年中国海上风电新增及累计装机容量对比图

　　2014 年以来我国海上风电累计装机容量高速增长，截至 2019 年底，中国海上风电累计装机容量达到 7.03GW，位居全球第三。

　　根据中国风能协会 CWEA、智研咨询整理的截至 2019 年底数据统计，江苏省海上风电累计装机容量突破 472.5 万 kW，海上风电装机容量遥遥领先于其他省市，占中国全部海上风电累计装机容量的 67.3%；福建省海上风电累计装机容量为 490MW，占比达到 7.0%；广东省海上风电累计装机容量为 458MW，占比为 6.5%；上海海上风电累计装机容量为 417MW，占比 5.9%；其他省市的海上风电累计装机容量分别为河北省 292MW、浙江省 265MW、辽宁省 245MW、天津市 117MW、山东省 15MW。

　　中国有 21 家海上风电开发企业。排名前四位的是，国家能源集团（国能投）累计装机容量为 2037MW，三峡集团累计装机容量为 928MW，华能集团累计装机容量为 915MW，国电投累计装机容量为 802MW。这 4 家企业海上风电装机容量遥遥领先于其他企业。

　　2020 年上半年，海上风电新增装机 106 万 kW，累计装机规模为 669 万 kW，占全国风电累计装机容量的 16.77%。随着政策的变化，行业热点也由陆上风电向海上风电领域转变，近年来海上风电建设规模不断上升。

　　根据智研咨询发布的《2021—2027 年中国海上风电行业市场经营管理及投资前景预测报告》显示：2019 年共有 6 家整机制造企业有新增海上风电装机，其中上海电气新增装机最多，达 155 台，新增海上风电装机容量为 647MW；其次分别为远景能源新增海上风电装机 139 台，容量为 615MW；金风科技和明阳智能新增海上风电装机容量排在第三、四位。

大型央企及地方国有企业仍然是中国风电开发的主力军,有接近90%的风电项目由这些企业投资建设完成。2020年10月,在北京召开的"2020北京风能大会"上,400多家风电企业首次发起联合宣言(称为"风能北京宣言"),确定了2060年之前风电发展的"路线图"。风电作为可再生能源的核心主体之一,天然具备不可替代的禀赋优势和规模化优势,也在发展中逐步形成了对电力系统的支撑作用。因此扩大以风电为代表的非化石能源的消纳比例、构建以新能源为主体的新型电力系统,是实现中国电力减碳和能源减碳,实现"双碳"目标的必由之路。

分布式风电的比重会进一步提高,但仍然以规模化开发和陆上风电开发为主。随着电网公司特高压输电线路、智能电网等基础建设的提升,电网大范围消纳风电能力和跨区域风电输送规模将增加,风电并网率将进一步提高。风电制造业进入了高成本的微利时代,这意味着行业内竞争加剧,市场更加成熟,风电制造企业也将面临更大的市场考验。但风电产业成熟度和成本的降低提高了风电相对于传统能源的竞争力,风电已经成为实力较强的新生电源技术,并将逐步增大在中国能源结构中的占比。

风电是目前技术最成熟、最具规模化开发条件和商业化发展前景的新能源,风电作为国家战略性新兴产业的重要地位不会改变。近年来国家相继出台了一系列相关产业政策:2018年,中国政府推出竞价机制;2019年,国家发展和改革委员会发布新政策,为无补贴的陆上风电提供了清晰的路线图。这些政策促进了行业整合和产业升级,未来中国风电行业发展空间依然广阔。

我国风电并网发展特点如下:

(1)大规模。经济增长和能源需求使中国成为世界上最具发展前景的风电市场,"风能北京宣言"认为,2025年后,中国风电年均新增装机容量应不低于6000万kW,到2030年至少达到8亿kW,到2060年至少达到30亿kW。规模化发展也将使风电成本不断下降,逐渐接近常规能源。

(2)高集中。内蒙古、山东、新疆、甘肃等省区建设和规划了多个千万千瓦级风电基地;内蒙古蒙东与蒙西的风电装机总容量已达2557万kW;河北省千瓦级风电基地规划总装机容量为1078万kW,迄今为止,张家口市累计风电装机容量已达到805万kW;山东海上风电则发挥资源优势,在烟台、滨州、日照等地建设8座220kV的风电汇集站,规划总容量为1255万kW。

(3)远距离。风能富集地区均属偏远地区,负荷小、火电和水电少、电网薄弱,须远距离输送至电网负荷中心,最大输送距离超过1000km。

2. 国外风力发电概况

随着现代科学技术的飞速发展,特别是空气动力学、尖端航天材料和大功率电力电子技术应用于新型风电系统的开发研制,风力发电技术在近二十年里有了飞速发展。欧美国家在风能的开发利用方面已取得了巨大成功,以丹麦、德国、西班牙、美国为主形成了一个规模巨大的产业链条——从风机的制造到机组的销售,从基础科学研究到工程实际应用,风力发电已成为当今电力系统最为活跃的研究领域之一。据2020年数据统计,全球十大风力发电国家排名见表1-2。

表1-2
全球十大风力发电国家排名
(GW)

排名	国家	装机容量	排名	国家	装机容量
1	中国	281	6	英国	24
2	美国	122	7	巴西	18
3	德国	63	8	法国	17.9
4	印度	39	9	加拿大	13.6
5	西班牙	27	10	意大利	10.5

全球风能理事会GWEC（Global Wind Energy Council）在风电行业年度报告中表示，2019年，全球新增风电装机容量超过60GW，同比增长19%，累计装机容量达到650GW。其中，陆上风电新增装机容量54.2GW，同比增长17%，累计装机容量达到621GW；海上风电新增装机容量创纪录地超过6GW，占全球新增装机容量的10%，累计装机容量为29.1GW。其中，2015—2019年全球陆上风电和海上风电每年新增装机容量参见表1-3。

表1-3
2015—2019年全球陆上风电和海上风电新增装机容量
(GW)

年份	陆上风电装机容量	海上风电装机容量	总装机容量
2015	60.4	3.4	63.8
2016	54.9	2.2	54.9
2017	49	4.5	53.5
2018	46.3	4.4	50.7
2019	54.2	6.1	60.4

其中，亚太地区引领全球风电发展，2019年新增装机容量占全球的50.7%，其次是欧洲（25.5%）、北美洲（16.1%）、拉丁美洲（6.1%）和非洲与中东地区（1.6%）。中国、美国、英国、印度、西班牙在全球新增风电装机排名中位列前五，五国新增装机容量占全球的70%。

2019年，全球陆上风电新增装机容量为54.2GW，排在前五名的国家分别为中国（23.8GW）、美国（9.1GW）、印度（2.4GW）、西班牙（2.3GW）和瑞典（1.6GW），其他国家占比28%。全球各国2019年陆上风电年度新增装机数量占比如图1-12所示。

截至2019年底，全球陆上风电累计装机容量达到621GW，位列前五位的国家分别为中国、美国、德国、印度和西班牙，共占全球市场的73%。全球各国2019年底陆上风电累计装机数量占比如图1-13所示。

截至2019年底，全球海上风电累计装机容量为29.1GW，英国以9723MW的累计容量排名第一，德国7493MW位居第二，中国6838MW名列

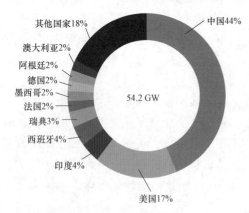

图1-12　2019年全球陆上风电新增装机占比国家分布图

第三。全球各国 2019 年底海上风电累计装机容量占比如图 1-14 所示。

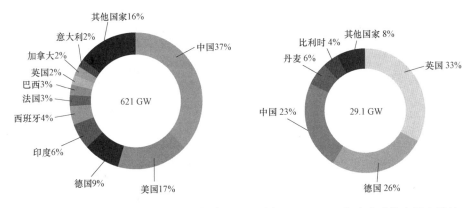

图 1-13　2019 年底全球陆上风电累计
装机占比国家分布图

图 1-14　2019 年底全球海上风电累计
装机占比国家分布图

在碳中和趋势的推动下，全球风电正加速布局。2021 年 4 月，全球在应对气候变化的征途上取得突破，40 多位国家领导人先后在美国召集的"领导人气候峰会"上重申或更新了自主减排目标，他们代表了约 70% 的全球二氧化碳排放和 GDP。美国承诺，到 2030 年温室气体排放水平比 2005 年减少 50%～52%，并在 2050 年实现碳中和；中国承诺，力争在 2030 年前实现碳达峰，努力争取在 2060 年前实现碳中和；巴西也在峰会上宣布加入 2050 碳中和阵营。显然，以油气为代表的化石能源时代将很快走到尽头，以新能源为主体的全球能源转型将势不可挡。国际能源署 IEA 在 2021 年 5 月发布的《2050 年能源零碳排放路线图》报告中预测风电和光伏将在 2050 年为全球提供大约 70% 的电力需求。要实现该目标，IEA 在报告中呼吁全球风电和光伏装机的节奏在接下的十年里必须进一步加快，到 2030 年风电年新增装机需达到 390GW，到 2050 年风电新增装机仍需保持在 350GW 的水平。

据全球风能协会 WWEA 公布的数据，欧洲各国风力发电发展最快、利用风能最成功的国家是丹麦、西班牙和德国。欧洲的电力供应一直在增长，在新增的装机容量中，大约有二分之一的电力将由风力发电提供。美国和加拿大是北美利用风能最好的国家。为促进风力发电的发展，世界各国政府特别是欧美国家出台了许多优惠政策，主要包括：投资补贴、低利率贷款、规定新能源必须在电源中占有一定比例、从电费中征收附加基金用于发展风电、减排 CO_2 奖励等。欧洲的德国、丹麦、荷兰等采用政府财政扶持、直接补贴的措施发展本国的风力发电事业。美国风电市场的增长主要依赖于税务减免以及可再生能源配额，通过金融支持，由联邦和州政府提供信贷资助来扶持风力发电事业。印度通过鼓励外来投资和加强对外合作交流发展风力发电。日本采取的措施则是优先采购风电。德国政府推出可再生能源法，还有可再生能源方案，为风电提供补贴。埃及通过政府部门、私营部门联合，执行可再生能源战略方面的政策，提高可再生能源在总发电当中的占比，通过竞标，增加风电的贡献率。多种多样的优惠政策促进了各国风力发电的快速发展。

据全球风能理事会 GWEC 统计数据显示，2020 年全球新增风电装机容量 93GW，较 2019 年大幅增长了 52.96%。其中陆上风电新增装机容量 86.9GW，海上风电新增装机容量为 6.1GW。从累计风电装机容量来看，截至 2020 年底，全球风电累计装机容量达到 742GW，其中陆上风电累计装机容量 707GW，海上风电累计装机容量为 35GW。从区域来看，2020 年亚洲以 346 700MW 的累计风电装机容量排在首位，在全球风电累计装机容量占比为 47%；其次是欧洲，以 218 912MW 的风电累计装机容量紧随其后，占比 29%；美洲地区占比 23%，排名第三。从国家与地区来看，风电累计装机容量为：中国（281GW）、欧洲（EU27＋英国，220GW）、美国（122GW）、德国（63GW）、西班牙（27GW）、英国（24GW）、巴西（18GW）、瑞典（10GW）、澳大利亚（7.3GW）、荷兰（6.6GW）、丹麦（6.2GW）。

全球风能理事会 GWEC 发布的《全球风电市场 - 供应侧报告 2019》显示，2019 年全球共安装了来自 33 个制造商的 22 893 台风机，新增装机量超过 63GW，创造了风电行业供应侧的历史新高。维斯塔斯 Vestas 继续保有最大风机制造商的头衔，凭借其全球战略布局，2019 年维斯塔斯在超过 40 个国家完成新增装机，全球市场份额达到 18%。西门子歌美飒 Siemens Gamesa2019 年的海上风电装机实现了翻番，其全球布局也进一步突破，这让该公司的排名升至次席。金风科技位列全球第三，得益于中国市场抢装和海外业务的拓展，其年度装机量实际增长了 19%。GE 可再生能源和远景能源继续保持全球第四和第五的位置。明阳智能与恩德安迅能（Nordex Acciona）排名分别提升至全球第六名和第七名。Enercon 全球排名第八。运达股份排名第九，这也是该企业首次进入全球前十强。排在前十五名的制造商还有中国的东方风电、上海电气、海装风电、联合动力以及德国的 Senvion 和丹麦日本合资企业三菱维斯塔斯（MHI Vestas）。在 2019 年排名前十五的风机制造商中，有十家企业实现了海上风机的安装，他们几乎贡献了 2019 年全球海上风电的全部新增装机容量（6.4GW）。另外，只专注于海上风电的三菱维斯塔斯首次跻身全球风机制造商前十五强，这也说明海上风电在全球风电市场发展中正扮演着越来越重要的角色。

目前国际上风机技术的创新很快，主要特点有：一是更大的单机容量，目前国际上成熟的风电机组已达到 3MW，单机容量达到 5～8MW；二是新型机组结构形式和材料，最新主流技术为变桨变速恒频和无齿轮箱直驱技术；三是对海上专用风电机组的探索。

世界上最大的风力涡轮机叶片——LM88.4P，由丹麦的一家工厂制造，它将用于世界上最大的风力涡轮机，单机容量达 8MW，其高度达到了 180m。

3. 风力发电的展望

经过几十年的发展，风电行业已经积累了相当丰富的经验，风电开发应用技术也日益成熟，但仍然存在很多问题。从全球来看，风电总体发展趋势具有以下两个方面的特点：

一是能源变革和能源战略转型的序幕已经拉开，世界各国制定中长期能源发展目标，也都将可再生能源作为能源转型主要方向。比如欧盟，风电占能源消费总量 20%，整个欧盟可再生能源转型的指标比我国领先近十年。

二是可再生能源将持续快速发展，光伏和风电是能源转型主力。预计在 2040 年，风电与火电、水电、天然气等在装机体量和存量体量上会大致相当。就风电而言，呈现两个代表性的发展趋势。第一，风电呈大型化、智能化、友好化发展趋势。无论陆上和海上，风力发电机组大型化都是趋势所在。陆上风机已经进入单机容量 6MW 时代，海上风机的单机容量达到 14MW 的水平。第二，风电成本大幅低于常规能源的成本。

近年来，各国在加大风电技术推广应用的同时，继续注重技术研发。目前，风电技术愈加成熟，新型技术不断出现，专项技术有所突破，适应范围愈加广泛，运行水平逐步提升。总体来看，世界各国的风电技术发展呈现单机容量不断增大、容量系数与风速区间不断提高、适应温度更加广泛、风功率预测精度稳步提升、可用率不断提高等特点。

伴随着第四次工业革命的到来，风力发电迈向智能风电的步伐也越来越近。智能风电将呈现以下特点。

（1）控制风力涡轮机能量存储和释放的"智能"能量存储系统将降低电力故障的风险，并支持全球风能使用的增加。

（2）通过收集测试数据，运行和维护团队不仅可以事后处理故障，还可以提前预测问题。

（3）借助人工智能和机器人检测，创建"无人风电场"，大大提高了工作效率。

（4）大数据信息提供了风能的分布，包括地形、地貌、地表覆盖、交通状况，甚至土地属性和电网状况。在这张分布图上，业主可以合理地选择哪种工厂场地是最合适的投资场地。

来自智研咨询的数据则反映，我国目前风力发电行业发展中存在以下几个方面的问题：

一是开发模式粗放。由于国际形势和国内政策的支持，我国风电近些年的开发模式都是以"大规模、集中式"为主。

二是风资源勘查不科学。风电场选址的最基本条件是要有能量密度高、风向稳定的风能资源，具体风电场内风机的选址还应根据风资源评估参数、风电场宏观选址和微观选址等考量，而我国风电开发中存在风资源勘查不科学、不准确、盲目性等问题，具体包括测风塔数量不足、测风塔代表性不够、测风数据不可靠、测风塔维护不到位、测风数据丢失、复杂地形勘察不到位、风机选型不合理等。

三是风电优化设计水平参差不齐。由于风电的大规模开发，风电场设计需求急剧增加，传统的大型设计院和一些小型设计机构都涌入风电行业，设计水平存在差距。

四是发电设备可靠性有待提高。近年来，我国风电装备制造产业发展迅速，但风电设备可靠性技术水平仍有待提升，变桨系统故障、通信系统故障、变频器故障、液压系统故障、大部件损坏、传动链失效等，都严重影响风电机组的正常运行和发电水平。

五是风电核心技术水平薄弱。经过多年的探索和发展，我国基本掌握了大容量风电机组的制造技术，风机叶片、齿轮箱、发电机等部件均已实现国产化，同时具备一定的自主研发能力。但是，在风机核心技术方面，如风机主控系统、叶片翼型设计等仍然依赖国外生产厂家，基础研发能力依然薄弱。

六是风电场信息化市场混乱。随着大数据、互联网、云计算等信息技术的发展，信息化也成为风电行业的研究热点，疾控中心、生产管理平台、远程诊断系统等均成为各个企业争相开展的业务亮点。然而，由于缺乏统一的标准规范和架构系统，风电信息化市场目前处于鱼龙混杂的状态。

七是风电场运维管理水平落后。相比于火电厂的标准化管理模式，目前国内风电场的运维管理水平普遍较低，除了运维人员少、检修消缺任务重等原因，工程遗留问题多、技术资料缺乏、人员技术水平有限、故障处理不当、定期工作不到位等，都会导致现场运维管理水平降低。

八是风电后服务水平不高。随着出质保期的风电场越来越多，风电场的后服务是未来风电产业的一个巨大市场。目前，多数风电场采取"质保期厂家运维、质保后外围运维"的模式，部分风机厂家由于熟练运维人员缺乏，缩短新进人员培训周期，导致现场风机维护水平下降。

九是弃风限电问题依然存在。一直以来，弃风限电都是制约我国风电行业健康发展的一大难题。

随着能源革命的深入开展，我国的新能源即将成为能源革命的主战场，风电也将担当重要角色。面对发展中存在的诸多问题，风电必须创新发展理念，积极应对未来新型电力系统挑战。风电发展思路体现在五个"并举"：集中式与分布式并举，这是协同发展的状态；陆上与海上并举，继续推动陆上风电开发利用，积极推动海上风电；就地利用与跨省外送并举，两条腿走路，开展就地利用和跨省外用两种形式；单品种开发与多品种协同并举，单品种开发指我们做好自己的风电发展，多品种协同是指不同电源之间推动水、风、光、合、储协同发展；单一场景与综合场景并举。

针对问题，结合发展思路，我国风电发展模式将体现在以下几个方面：

一是风电开发精细化。随着风能资源和土地资源的日益稀缺，分布式风电得到迅速发展，风电开发模式逐渐转向精细化。风电前期精细化，保证有足够数量的测风塔和有效的测风数据，充分论证风资源水平，细化微观选址和风机选型，充分比对不同机型优劣，选择最优机型和机位点；建设施工精细化，严格管控工程质量，杜绝遗留问题；风电场运维精细化，充分借助大数据、人工智能等信息化手段，准确掌握设备状态，制定措施，提高发电水平。

二是风电开发分散化。能源的分散化和就地消纳，是能源发展长期的主题。近几年，大叶片、高塔筒技术不断提升，针对未来低风速领域的巨大市场，设备厂家纷纷推出新的机型，满足低风速区风电场的需求。随着低风速风机技术不断取得进步，分散化、低风速将逐渐成为陆上风电发展的趋势。

三是风电开发海洋化。我国海上风能资源丰富，具有巨大的开发前景。海上风电项目一般分为滩涂、近海以及深海风电场。目前我国海上风电实质开发的区域仍主要集中在滩涂及近海风电区域。与陆上风电不同，海上风电紧邻电力负荷中心，消纳前景非常广阔。经过多年的稳步发展，我国海上风电目前已进入大规模开发阶段，推进近海规模化和深远海示范化发展，实现海上风电的健康持续发展。

四是风电核心技术国产化。目前风电设备一些核心技术和部件仍然依靠进口，如风电控制系统 PLC、风机叶片设计、润滑油脂等。大力开展技术研发，推进核心技术国产化，才能激发技术创新和产品创新。作为风电开发企业，也应当努力掌握风电设备关键技术，为风电场的运行维护、技术改造、提质增效提供有力支撑。

五是风电场智能化。智能化是能源发展未来的趋势。风电场智能化就是要推动风电与控制技术、信息技术、通信技术等的深度融合，实现风电的智能化开发、智能化运维、智能化监控以及智能化管理。随着产业体系的不断完善和技术水平的不断提高，智能化将成为未来风电发展的主要方向。

六是能源综合化。综合能源系统，就是整合不同形式的能源资源，满足多元化需求，实现能源的高效利用。构建综合能源系统，能够大大提高可再生能源的开发利用，同时提升传统一次能源利用效率。综合能源系统可以突破开发模式，按照用户需求、自身能力、区域特性，因地制宜实现"模块化选择，个性化构建"。

七是电力系统绿色化。未来电力系统将由传说的化石能源为主转变为可再生能源为主，最终构建成一个低碳的新型电力系统。但由于风电、光伏等可再生能源的不确定性，电力系统将面临巨大的挑战。新能源消纳能力不足，电网转动惯量减小、调频能力下降，动态无功支撑能力不足，系统稳定问题等等，都给电网带来巨大的挑战。

思考与拓展

现在风力发电的发展非常迅速，让我们试着去了解一下当前国内风力发电运营企业的情况、风力发电机及配套设备制造企业的情况吧。

1. 我国当前有哪些大型风电基地？请叙述一个你感兴趣的风电基地的基本情况吧。

2. 我国当前有哪些风电发电运营企业？它们有哪些代表性的风电场？请介绍其一。

3. 我国当前有哪些风电发电设备制造厂家？它们的主流产品是什么？市场如何？请介绍其一。

4. 举例说明国外的风电发电设备制造厂家，它们的主流产品是什么？有何特点？

5. 我国当前风力发电的政策有哪些？介绍一下你了解的风力发电的电价情况？

6. 我国当前关于风力发电的国家标准有哪些？行业标准有哪些？

课下，我们一起去查查资料，行动吧！

认识风及风能资源

第二章

第二章数字资源

看风识天气 动画06.07

久晴西风雨，久雨西风晴。日落西风住，不住刮倒树。
常刮西北风，近日天气晴。半夜东风起，明日好天气。
雨后刮东风，未来雨不停。南风吹到底，北风来还礼。
南风怕日落，北风怕天明。南风多雾露，北风多寒霜。
夜夜刮大风，雨雪不相逢。南风若过三，不下就阴天。
风头一个帆，雨后变晴天。晌午不止风，刮到点上灯。
无风现长浪，不久风必狂。无风起横浪，三天台风降。
大风怕日落，久雨起风晴。东风不过晌，过晌嗡嗡响。
雨后东风大，来日雨还下。雹来顺风走，顶风就扭头。

第一节 风 的 形 成

提到风，大家都会说出很多切身的体会。例如微风拂面时的舒爽，狂风刮过的落叶飞沙，而遇上龙卷风、飓风，拔树毁屋的恐怖景象，却又让亲历者谈风色变。总之，风有时友好，有时又不近人情，来无影去无踪，让人捉摸不透。风到底是什么，用科学的说法就是：地球表面的空气水平运动称为风。

空气流动现象一般指空气相对地面的水平运动。尽管大气运动十分复杂，但也始终遵循着大气动力学和热力学变化的规律。

风是地球上的一种自然现象，它是由太阳辐射热引起的。太阳辐射对地球表面不均匀性加热是形成风的主要原因。太阳光照射在地球表面上，使地表温度升高，地表的空气受热膨胀变轻而往上升。热空气上升后，低温的冷空气横向流入，上升的空气因逐渐冷却变重而降落，由于地表温度较高又会加热空气使之上升，这种空气的流动就产生了风。地形、地貌的差异，地球自转、公转的影响，更加剧了空气流动的力量和流动方向的多变性，使风速和风向的变化更加复杂。

为了区别不同的风，我们给它们都取个名字。下面就让我们分别认识它们吧。

1. 海陆风

海陆风是由于大陆与海洋之间的温度差异的转变引起的，不过海陆风的范围小，以日为周期，风势也薄弱。由于海陆物理属性的差异，造成海陆受热不均，白天陆地上增温较海洋快，空气上升，而海洋上空气温度相对较低，使地面有风白海洋吹向大陆，补充大陆地区上升气流，而陆地上的上升气流流向海洋上空而下沉，补充海上吹向大陆气流，形成一个完整的热力环流。夜间环流的方向正好相反，所以风从陆地吹向海洋。将这种白天从海洋吹向大陆的风称海风，夜间从陆地吹向海洋的风称陆风，因此，将在1天中海陆之间的周期性环流总称为海陆风，如图2-1所示。

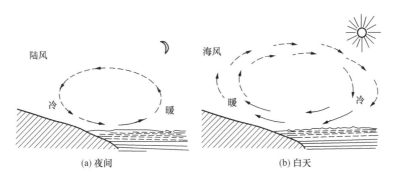

图 2-1 海陆风形示意 动画08

海陆风的强度在海岸最大，随着离岸的距离而减弱，一般影响距离为 20～50km。海风的风速比陆风大，在典型的情况下，风速可达 4～7m/s，而陆风一般仅 2m/s 左右。海陆风最强烈的地区，是温度日变化最大及昼夜海陆温差最大的地区。低纬度日射强，所以海陆风较为明显，尤以夏季为甚。

此外，在大湖附近同样日间有风自湖面吹向陆地称为湖风，夜间有风自陆地吹向湖面称为陆风，合称湖陆风。

2. 谷风、山风与山谷风

山谷风的形成原理跟海陆风是类似的。白天，山坡接受太阳光热较多，空气增温较大；而山谷上空，同高度上的空气因离地较远，增温较小。于是山坡上的暖空气不断上升，并从山坡上空流向谷地上空，谷底的空气则沿山坡向山顶补充，这样便在山坡与山谷之间形成一个热力环流。下层风由谷底吹向山坡，称为谷风。到了夜间，山坡上的空气受山坡辐射冷却影响，空气降温较大，而谷地上空，同高度的空气因离地面较远，降温较小。于是山坡上的冷空气因密度大，顺山坡流入谷地，谷底的空气因汇合而上升，并从上面向山顶上空流去，形成与白天相反的热力环流。下层风由山坡吹向谷地，称为山风。山风和谷风总称为山谷风，如图 2-2 所示。

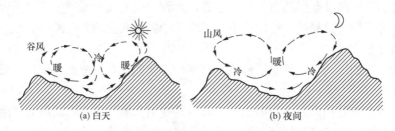

(a) 白天　　　　　　　　(b) 夜间

图 2-2　山谷风形成示意　动画09

山谷风一般较弱，谷风比山风大一些，谷风风速一般为 2~4m/s，有时可达 7~10m/s，谷风通过山隘时，风速加大。山风风速一般仅 1~2m/s，但在峡谷中，风力还能增大一些。

3. 季风

在一个大范围地区内，它的盛行风向或气压系统有明显的季节变化，这种在一年内随着季节不同，有规律转变风向的风，称为季风。季风盛行地区的气候又称季风气候。

如图 2-3 所示，将全球季风地理分布按盛行风频率的大小分为三个区。全球明显季风区主要在亚洲的东部和南部，东非的索马里和西非几内亚。季风区有澳大利亚的北部和东南部，以及北美的东南岸和南美的巴西东岸等地。亚洲东部的季风主要包括我国的东部、朝鲜、日本等地；亚洲南部的季风，以印度半岛最为显著，这是世界闻名的印度季风。

我国位于亚洲的东南部，所以东亚季风和南亚季风对我国的气候变化都有很大影响。形成我国季风环流的因素很多，主要是由于海陆差异，行星风带的季节转换，以及地形特征等综合因素形成的。

海陆分布对我国季风的影响表现在：海洋的热容量比陆地大得多，在冬季，陆地比海洋冷，大陆气压高于海洋，气压梯度力自大陆指向海洋，风从大陆吹向海洋；夏季则相反，陆地很快变暖，海洋相对较冷，陆地气压低于海洋，气压梯度力由海洋指向大陆，风从海洋吹向大陆，如图 2-4 所示。

我国东临太平洋，南临印度洋，冬夏的海陆温差大，所以季风明显。

4. 贸易风

在地球赤道上，热空气向空间上升，分为流向地球南北两极的两股强力气流，在纬度

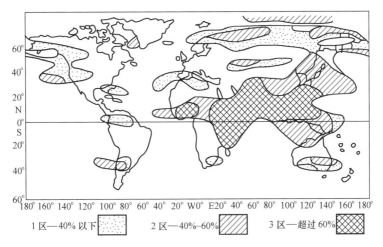

图 2-3　风的地理分布

1 区——40% 以下　　　2 区——40%~60%　　　3 区——超过 60%

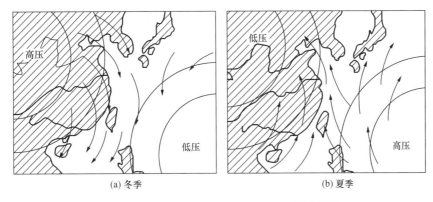

(a) 冬季　　　　　　　　　　　　(b) 夏季

图 2-4　海陆分布对我国季风的影响　动画10.11

30°附近，这股气流下降，并分别流向赤道与两极。在接近赤道地区，由于大气层中大量空气的环流，形成了固定方向的风。自古以来，人们利用这种定向风开展海上远程贸易，所以称为贸易风。由于地球自西向东旋转，贸易风向西倾斜，此时北半球产生了东北风，而南半球则产生了东南风，如图 2-5 所示。

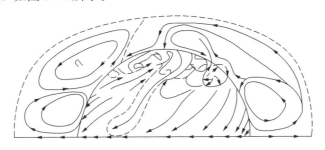

图 2-5　贸易风风向——赤道附近的固定风

5. 旋风和反旋风

由两极流向赤道的冷空气气流与由赤道流向两极的热空气气流相遇处（在纬度 50°~60°

附近）构成了涡流运动，称为旋风和反旋风，而非定向的、常见的环流。地形的差异（如陆地、海洋、山岳、森林、沙漠）使在同一纬度上的空气受到程度不同的加热，因而产生了地区性风。

第二节 风 的 特 性

风作为一种自然现象，具有它本身的特性，通常采用风速、风向、风频等基本指标来表述。

1. 风速

风速和风向是描述风特性的两个最重要的参数，风速分为瞬时风速和平均风速，用米/秒（m/s）和千米/时（km/h）作为计量单位，表示空气在单位时间内运动的距离。例如空气在 1s 内运动了 3m，那么风速就是 3m/s。由于风是不断变化的，通常所说的风速是指一段时间内各瞬时风速的算术平均值，即平均风速。风速可由测风仪测量得到。

2. 风向

气象上把风吹来的方向定义为风向。因此，风来自北方称为北风，风来自南方称为南风。当风向不在某个正方向时，或在某个方位左右摆动不能确定时，则加以"偏"字，如偏北风等。

理论上，风是从高压区吹向低压区的，但是，在中纬度和低纬度地区，风向还受到地球旋转的影响。风平行于等压线而不是垂直于等压线。同时，大气中有很多旋涡，它们随着主流，一面旋转，一面前进。在北半球，空气环绕中心做逆时针方向旋转的大型空气旋涡，称为气旋；空气环绕中心做顺时针方向旋转的大型空气旋涡，称为反气旋。在南半球正好相反，气旋按顺时针方向旋转，反气旋按逆时针方向旋转。在西风带里，气旋和反气旋随着基本气流由西向东移动；在东风带里，气旋和反气旋则随着基本气流由东向西移动。

风随时随地都不同，风随时间的变化包括每日的变化和各季节的变化。季节不同，太阳和地球的相对位置就不同，造成地球上的季节性温差，形成风向季节性变化。我国大部分地区风的季节性变化情况是，春季最强，冬季次之，夏季最弱。当然也有部分地区例外，如我国沿海的温州地区，夏季季风最强，春季季风最弱。

3. 风频

风频分为风速频率和风向频率。

风速频率是指各种速度的风出现的频繁程度。对于风力发电的风能利用而言，为了有利于风力发电机平稳运行，便于控制，希望平均风速高，而风速大小变化小。

风向频率是指各种风向出现的频繁程度。对于风力发电的风能利用而言，总是希望某一风向的频率尽可能大。

第三节 风 力 的 大 小

那么风速和我们常常听到的"几级风"有什么关系呢？

风力的大小用风速的数值等级来表示，它是表示风强度的一种方法，风越强，数值越大。用风速仪测得的风速可以套用为风级，同时也可用目测海面和陆上地物征象估计风力等级。

1. 风级

风力等级（简称风级）是根据风对地面或海面物体影响而引起的各种现象，按风力的强度等级来估计风力的大小，国际上采用的是英国人蒲福（Francis Beaufon）于 1805 年所拟定的，故又称蒲福风级。他将静风到飓风分为 13 级，自 1946 年以来，风力等级又做了一些修订，由 13 级变为 17 级，见表 2-1。在没有风速仪的时候，可以根据表 2-1 来粗略估计风速。

表 2-1　　　　　　　　　　蒲福（Francis Beaufon）风力等级表

风力等级	名　称		相当于平地 10m 高处的风速 /（m/s）	陆上地物征象	海面和渔船征象
	中文	英文	范围		
0	静风	calm	0～0.1	静、烟直上	海面平静
1	软风	light air	0.3～1.5	烟能表示风向，树叶略有摇动	微波如鱼鳞状，没有浪花，一般渔船正好能使舵
2	轻风	light breeze	1.6～3.3	人的面部感觉有风，树叶有微响，旗子开始飘动；高的草开始摇动	小波，波长尚短，但波形显著，波峰光亮但不破裂 渔船张帆时可随风每小时移行 1～2 海里
3	微风	gentle breeze	3.4～5.4	树叶及小枝摇动不息，旗子展开；高的草摇动不息	小波加大，波峰开始破裂，浪沫光亮，有时可有散见的白浪花；渔船开始簸动，张帆随风每小时移行 3～4 海里
4	和风	moderate breeze	5.50～7.9	能吹起地面的灰尘和纸张，树枝动摇；高的草呈波浪起伏	小浪，波长变长，白浪成群出现；渔船满帆的，可使船身倾于一侧
5	清劲风	fresh breeze	8.0～10.7	有叶的小树摇摆，内陆的水面有小波；高的草波浪起伏明显	中浪，具有较显著的长波形状；许多白浪形成，偶有飞沫；渔船需缩帆一部分
6	强风	strong breeze	10.8～13.8	大树枝摇动，电线呼呼有声，撑伞困难；高的草不时倾伏于地	轻度大浪开始形成，到处都有更大的白沫峰，有时有些飞沫；渔船缩帆大部分，并注意风险
7	疾风	high wind	13.9～17.1	全树动摇，迎风步行感觉不便	破峰白沫成条/浪高 4.0m
8	大风	gale	17.2～20.7	微枝折毁，人向逆风方向走感觉阻力甚大	浪长高有浪花/浪高 5.5m
9	烈风	strong gale	20.8～24.4	草房遭受破坏，大树枝可折断	浪峰倒卷/浪高 7.0m
10	狂风	storm	24.5～28.4	树木可被吹倒，一般建筑物遭破坏	海浪翻滚咆哮/浪高 9.0m
11	暴风	violent storm	28.5～32.6	陆上少见，大树可被吹倒，一般建筑物遭严重破坏	波峰全呈飞沫/浪高 11.5m
12	飓风	hurricane	32.7～36.9	陆上绝少，其摧毁力极大	海浪滔天/浪高 14.0m

续表

风力等级	名称		相当于平地10m高处的风速/（m/s）	陆上地物征象	海面和渔船征象
	中文	英文	范围		
13	—	—	37.0～41.4	—	—
14	—	—	41.5～46.1	—	—
15	—	—	46.2～50.9	—	—
16	—	—	51.0～56.0	—	—
17	—	—	56.1～61.0	—	—

注 13～17级风力是当风速可以用仪器测定时使用。

2. 风速与风级的关系

除查表外，还可以通过风速与风级之间的关系来计算风速，如计算某一风级时，其关系式为

$$\bar{v}_N = 0.1 + 0.824 N^{1.505} \tag{2-1}$$

式中 N——风的级数；

$\bar{v}_N$——N级风的平均风速，m/s。

3. 风速频率

风速频率是风速在一年内或一个月内中所出现的时间分布。在计算风速频率时，通常把风速的间隔定为1m/s，依次划分风速区间，较长观测时间内各种风速吹风时数与该时间间隔内吹风总数的百分比就是风速频率分布。风速频率是确定风能电站年工作时数的基本数据。

4. 风能"玫瑰"

风速是矢量，既有大小，也有方向。风速的大小随时变化，其方向也是不稳定的。在一段时间内，风速在不同的方向上出现的时间称为风速在该方向上的方向频率。方向频率与该方向上平均风速的三次方的乘积沿各方向的分布即为风能"玫瑰"。根据玫瑰图可以看出哪个方向上的风具有优势。图2-6中，风向以16方位划分，方位旁边括号里面的数据表示风向频率（%）、平均风速（m/s）。16个风向出现的频率与静风频率之和为100%。

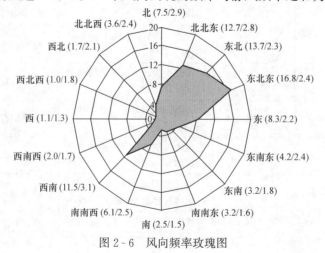

图2-6　风向频率玫瑰图

风向玫瑰图可以确定主导风向，由于风电场机组排列垂直于主导风向，所以风向频率玫瑰图对其具有至关重要的作用。

第四节　风能的特点

大家可能深有体会，在大风中会站立不稳，这说明风具有能量。这种可供利用的自然能源称为风能，即空气相对地面做水平运动时所产生的动能。根据理论计算和实践结果，我们把具有一定风速的风作为一种能量资源加以开发，用来做功（如发电），这一范围的风称为有效风能或风能资源。风速低于 3m/s 时，它的能量太小，没有利用的价值；而风速大于 20m/s 时，它对风力发电机的破坏性很大，很难利用。因此，我们主要对风速为 3～20m/s 的风能进行开发。

大风所具有的能量是很大的。风速为 9～10m/s 的 5 级风，吹到物体表面上的力约为 10kN/m^2；风速为 20m/s 的 9 级风，吹到物体表面上的力约为 50kN/m^2。风所含的能量比人类迄今为止所能控制的能量要大得多。与其他能源相比，风能不会因人类的开发利用而枯竭，具有明显的优点，但也有其突出的局限性。

1. 风能的优点

（1）蕴藏量大。我们已知道风能是太阳能的一种转换形式，是取之不尽、用之不竭的可再生能源。根据计算，太阳至少还可以像现在一样照射地球 60 亿年左右。

（2）无污染。在风能转换为电能的过程中，不产生任何有害气体和废料，不污染环境。

（3）可再生。风能是靠空气的流动而产生的，这种能源依赖于太阳的存在。只要太阳存在，就可不断地、有规律地形成气流，周而复始地产生风能，可永续利用。

（4）分布广泛，就地取材，无需运输。在边远地区如高原、山区、岛屿、草原等地区，由于缺乏煤、石油和天然气等资源，给生活在这一地区的人民群众带来诸多不便，而且由于地处偏远、交通不便，即使从外界运输燃料也十分困难。因此，利用风能发电可就地取材、无需运输，具有很大的优越性。

（5）适应性强、发展潜力大。我国可利用的风力资源区域占全国国土面积的 76%，在我国发展风力发电，潜力巨大，前景广阔。

2. 风能的局限性

（1）能量密度低。由于风能来源于空气的流动，而空气的密度很小，因此风力的能量密度很小，只有水力的 1/816。

（2）不稳定性。由于气流瞬息百变，风时有时无，时大时小，日、月、季、年的变化都十分明显。

（3）地区差异大。由于地形变化，地理纬度不同，因此风力的地区差异很大。两个近邻区域，由于地形的不同，其风力可能相差几倍甚至几十倍。

第五节　风能的计算

风能就是空气的动能，指风所负载的能量，风能的大小取决于风速和空气密度。

要精确地判断多大的风能资源值得开发利用，就需要用风能公式来进行计算，即

$$W = \frac{1}{2}\rho v^3 A \qquad (2-2)$$

式中 W——风功率，W；

  ρ——空气密度，空气密度一般取 1.225，kg/m^3；

  v——风速，m/s；

  A——截面面积，m^2。

式（2-2）是风能利用中常常要用的公式。由风能公式可以看出，风能主要与风速、风所流经的面积、空气密度三个因素有关，其关系如下：

（1）风能的大小与风速的立方成正比。也就是说，影响风能的最大因素是风速。

（2）风能的大小与风所流经的面积成正比。对于风力发电机来说，就是风能与风力发电机的风轮旋转时的扫掠面积成正比。由于通常用风轮直径作为风力发电机的主要参数，所以风能大小与风轮直径的平方成正比。

（3）风能的大小与空气密度成正比。空气密度是指单位体积所容纳空气的质量。因此，计算风能时，必须要知道空气密度 ρ。空气密度 ρ 与空气的湿度、温度和海拔有关，可以从相关的资料中查到。

风功率密度是气流垂直通过单位截面积（风轮面积）的风能，它是表征一个地方风能资源多少的指标。将式（2-2）除以相应的面积 A，当 $A=1$ 时，便得到风功率密度公式，也称风能密度公式，单位为 W/m^2，即

$$E = \frac{1}{2}\rho v^3 \qquad (2-3)$$

由于风速是一个随机性很大的量，必须通过一定时间的观测来了解它的平均状况。因此，计算一段时间长度内的平均风能密度，可以将式（2-3）对时间积分后平均，即

$$\overline{E} = \frac{1}{T}\int_0^T \frac{1}{2}\rho v^3 \mathrm{d}t \qquad (2-4)$$

式中 $\overline{E}$——平均风能密度；

  T——观测的时间。

第六节 风 能 的 测 量

风的测量包括风向测量和风速测量。风向测量是指测量风的来向，风速测量是测量单位时间内空气在水平方向上所移动的距离。

1. 风向测量

（1）风向标。风向标是测量风向的最通用的装置，有单翼型、双翼型和流线型等。风向标一般由尾翼、指向杆、平衡锤及旋转主轴四部分组成，如图 2-7 所示。首尾不对称的平衡装置，其重心在支撑轴的轴心上，整个风向标可以绕垂直轴自由摆动，在风的动压力作用下取得指向风的来向的一个平衡位置，即为风向的指示。

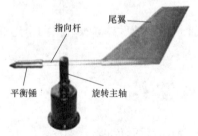

图 2-7 风向标

传送和指示风向标所在方位的有电触点盘、环形电位、自整角机和光电码盘四种类型，其中，最常用的是光电码盘。

风向杆的安装方位指向正南。风速仪（风速和风向）一般安装在离地 10m 的高度上。

（2）风向。表示风向一般用 16 个方位表示，即北东北（NNE）、东北（NE）、东东北（ENE）、东（E）、东东南（ESE）、东南（SE）、南东南（SSE）、南（S）、南西南（SSW）、西南（SW）、西西南（WSW）、西（W）、西西北（WNW）、西北（NW）、北西北（NNW）、北（N）。静风记为 C。

风向也可以用角度来表示，以正北为基准，顺时针方向旋转，东风为 90°，南风为 180°，西风为 270°，北风为 360°，如图 2-8 所示。

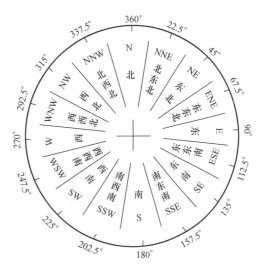

图 2-8　风向 16 方位图

2. 风速测量

（1）风速计。

旋转式风速计的感应部分是一个固定转轴上的感应风的组件，常用的有风杯和螺旋桨叶片两种类型，风杯旋转轴垂直于风的来向，螺旋桨叶片的旋转轴平行于风的来向。测定风速最常用的传感器是风杯，杯形风速器的主要优点是它与风向无关，因此获得了广泛的应用。

杯形风速计（见图 2-9）一般由 3 个或 4 个半球形或抛物锥形的空心杯壳组成。杯形风速计固定在互呈 120°的三叉星形支架上或互呈 90°的十字形支架上，杯的凹面顺着同一方向，整个横臂架则固定在能旋转的垂直轴上，由于凹面和凸面所受的风压力不相等，在风杯受到扭力作用而开始旋转时，它的转速与风速成一定的关系。风力大则转速高。转数传感器把转数转换成数字信号传送给控制计算机。

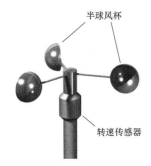

半球风杯

转速传感器

图 2-9　杯形风速计

风速大小与风速计安装高度和观测时间有关，世界各国基本上都以 10m 高度处观测为基准，但取多长时间的平均风速则不统一，有的取 1、2、10min 平均风速，有的取 1h 平均风速，也有的取瞬时风速等。

我国气象站观测时有三种风速，有一日 4 次定时 2min 平均风速，也有自记 10min 平均风速和瞬时风速。风能资源计算时，都用自记 10min 平均风速，安全风速计算时用最大风速（10min 平均最大风速）或瞬时风速。

（2）风速记录。风速记录是通过信号的转换方法来实现的，一般有 4 种方法。

1）机械式。当风速感应器旋转时，通过蜗杆带动蜗轮旋转，再通过齿轮系统带动指针旋转，从刻度盘上直接读出风的行程，除以时间得到平均风速。

2）电接式。由风杯驱动的蜗杆通过齿轮系统连接到一个偏心凸轮上，风杯旋转一定圈数，凸轮使相当于开关作用的两个触头闭合或打开，完成一次接触，表示一定的风程。

3）电机式。风速感应器驱动一个小型发电机中的转子，输出与风速感应器转速成正比的交变电流，输出到风速的指示系统。

4）光电式。风速旋转轴上装有一个圆盘，盘上有等距的孔，孔上面有一红外光源，正下方有一光敏晶体管，风杯带动圆盘旋转时，由于孔的不连续性，形成光脉冲信号，经光敏晶体管接收放大后变成光脉冲信号输出，每一个脉冲信号表示一定的风的行程。

第七节　我国的风能资源

1. 风能资源的评估

风能资源潜力的多少是风能利用的关键。风能利用的成本是由风力发电机组设备的成本、安装费用和维修费用等与实际的产能量所确定的。因此选择一种风力发电机组，不仅要着重考虑节省基本投资，而且要根据当地风能资源选择适当的风力发电机组。只有使风力发电机组与风能资源两者相匹配，才能获得最大的经济效益。

据测算，在 10m 高我国风能理论资源储量为 32.26 亿 kW，实际可供开发的量按 1/10 估计，可达 3.226 亿 kW。考虑到风力发电机组风轮的实际扫掠面积为圆形，因此，再乘以面积系数 0.785，即为经济可开发量。由此，得到全国风能经济可开发量为 2.54 亿 kW。

2. 风功率密度等级及风能可利用区的划分

风功率密度又称风能密度，蕴含着风速、风速频率分布和空气密度的影响，是衡量风电场风能资源的综合指标。风功率密度等级在 GB/T 18710—2002《风电场风能资源评估方法》中给出了 7 个级别，见表 2-2。

表 2-2　　　　　　　　　　　　　　　风功率密度等级表

风功率密度等级	高　度						应用于并网发电
	10m		30m		50m		
	风功率密度 /(W/m²)	年平均风速参考值 /(m/s)	风功率密度 /(W/m²)	年平均风速参考值 /(m/s)	风功率密度 /(W/m²)	年平均风速参考值 /(m/s)	
1	<100	4.4	<160	5.1	<200	5.6	—
2	100~150	5.1	160~240	5.9	200~300	6.4	—
3	150~200	5.6	240~320	6.5	300~400	7.0	较好
4	200~250	6.0	320~400	7.0	400~500	7.5	好
5	250~300	6.4	400~480	7.4	500~600	8.0	很好
6	300~400	7.0	480~640	8.2	600~800	8.8	很好
7	400~1000	9.4	640~1600	11.0	800~2000	11.9	很好

注　1. 不同高度的年平均风速参考值是按风切变指数为 1/7 推算的。

　　2. 与风功率密度上限值对应的年平均风速参考值，按海平面标准大气压并符合瑞利风速频率分布的情况推算。

由表 2-2 可以看出，风功率密度等级为 4 及以上的风区适合于并网风力发电，为风能丰富区，视为理想的风电场建设区；等级为 1 的区域为风能贫乏区，对大型并网型风力发电机组一般无利用价值；等级为 2 的区域为可开发区；等级为 3 的区域为次丰富区。

3. 风能资源的分区

根据全国有效风功率密度和一年中风速大于等于 3m/s 时间的全年累积小时数，可以看出我国风能资源的地理分区。

（1）东南沿海及其岛屿为我国最大风能资源区。有效风功率密度大于等于 200W/m² 的等值线平行于海岸线，沿海岛屿的风功率密度在 300W/m² 以上，一年中风速大于等于 3m/s 时间全年出现 7000～8000h。但从这一地区向内陆则丘陵连绵，冬半年强大冷空气南下，很难长驱直入，夏半年台风在离海岸 50km 风速便减小到 68%，所以东南沿海仅在由海岸向内陆几十千米的地方有较大的风能，再向内陆风能锐减。在不到 100km 的地带，风功率密度降至 50W/m² 以下，反为全国最小区。但在沿海的岛屿上（如福建台山、平潭等，浙江南麂、大陈、嵊泗等，广东的南澳），风能都很大。其中，台山风功率密度为 3534.4W/m²，一年中风速大于等于 3m/s 时间全年累积出现 7905h，是我国平地上有记录的风能资源最大的地方之一。

（2）内蒙古和甘肃北部以北广大地带为次大区，这一带终年在高空西风带控制之下，且为冷空气入侵首当其冲的地方，风功率密度为 200～300W/m²，一年中风速大于等于 3m/s 时间全年有 5000h 以上，从北向南逐渐减少，但不像东南沿海梯度那样大。最大的虎勒盖地区，一年中风速大于等于 3m/s 时间的累积时数可达 7569h。这一区虽较东南沿海岛屿上的风功率密度小一些，但其分布的范围较大，形成了大风功率密度连成一片的最大地带。

（3）黑龙江、吉林东部及辽东半岛沿海风能也较大，风功率密度在 200W/m² 以上，一年中风速大于等于 3m/s 时间也在 5000～7000h 之间。

（4）青藏高原北部风功率密度为 150～200W/m²，一年中风速大于等于 3m/s 时间可达 6500h，但由于青藏高原海拔高，空气密度较小，所以风功率密度相对较小，海拔 4000m 的空气密度大致为地面的 67%。所以，若仅按一年中风速大于等于 3m/s 时间出现小时数，青藏高原应属风能最大区，但实际上这里的风能远较东南沿海为小。

（5）云南、贵州、四川、甘肃、陕西南部、河南、湖南西部、福建、广东、广西的山区、西藏、雅鲁藏布江及新疆塔里木盆地为我国最小风能区，有效风功率密度在 50W/m² 以下，一年中风速大于等于 3m/s 时间在 2000h 以下。这一地区除高山顶和峡谷等特殊地形外，风力潜能很低，无利用价值。

（6）在（4）和（5）所述地区以外的广大地区为风能季节利用区。例如有的在冬春季可以利用，有的在夏秋可以利用等。这一地区风功率密度为 50～150W/m²，一年中风速大于等于 3m/s 时间为 2000～4000h。

我国地域辽阔、幅员广大，除少数省份年平均风速比较小以外，大部分省、自治区、直辖市，尤其是西南边疆、沿海和三北（东北、西北、华北）地区，都有着极有利用价值的风能资源。我们要认识和掌握风能利用的规律，将丰富的风能资源利用起来，造福于人类。

🧭 思考与拓展

通过以上学习，我们了解了哪些知识？请跟着我一起来拓展吧！

1. 风对于我们来说有哪些有益的功用？
2. 风有哪些指标？它们对风力发电有何影响？
3. 我国的风力资源有什么特点？这些特点对风能的利用有何影响？
4. 我国有哪些大型风电基地？它们的风资源如何？

赶紧行动吧!

 填填看

1. 风能的大小与风速的_____成正比。

2. 空气流动形成风,假设空气密度为 ρ,风速为 v,扫风面积为 A,则风压 $p=$_____,风能 $E=$_____。

3. _____与_____是确定风况的两个重要参数。

4. 图 2-10 所示为某风场一天的风玫瑰图,则该天的主导风向为_____。

A. 西南风   B. 西北风

C. 东南风   D. 东北风

5. 风能利用率 C_p 最大值可达_____。

6. 某风电场测得年平均风速不大于 4m/s 的风速频率为 20%,而不小于 25m/s 风速的频率为 5%,求年平均风速为 4~25m/s 时有效风时率是多少?

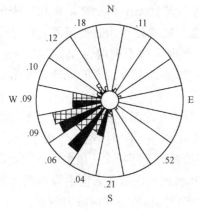

图 2-10 风玫瑰图

 做一做

某同学想在学校的体育场四周装上风力发电机,满足体育场晚上同学们活动的照明用电,你能做一个方案,看看体育场周围的风资源是否满足要求?试试就知道!

风力机工作的基本原理

第三章

第三章数字资源

风力机经过 2000 多年的发展过程，现在已有很多种类型，尽管风力机的形式各异，但它们的工作原理是相同的，即利用风轮从风中吸收能量，然后再转变成其他形式的能量。动画12,13,14

图 3-1 所示为 1300 年前中国利用风力来提水灌溉的垂直转轴风车示意,这种风车是由八个风帆所组成的风轮。约公元 700 年前,波斯国建造了垂直转轴的风车"方格形风车",来带动他们磨谷的石磨。

图 3-1 古代的垂直转轴风车示意

第一节 空气动力学的基本知识

1. 升力与阻力

风就是流动的空气,一块薄平板放在流动的空气中会受到气流对它的作用力,我们把这个力分解为阻力与升力。如图 3-2 所示,F 是平板受到的作用力,F_D 为阻力,F_L 为升力。阻力与气流方向平行,升力与气流方向垂直。

我们先分析一下平板与气流方向垂直时的情况(见图 3-3),此时平板受到的阻力最大,升力为零。当平板静止时,阻力虽大但并未对平板做功;当平板在阻力作用下运动时,气流才对平板做功;如果平板运动速度方向与气流相同,气流相对平板运动速度为零,则阻力为零,气流也没有对平板做功。一般当平板运动速度是气流速度的 20%~50% 时,受阻力运动的平板能获得较大的功率,阻力型风力机就是利用叶片所受的阻力工作的。

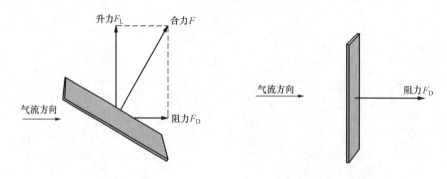

图 3-2 升力与阻力示意   图 3-3 阻力的形成

当平板与气流方向平行时,平板受到的作用力为零(阻力与升力都为零)。当平板与气流方向有夹角(见图 3-4)时,气流遇到平板的向风面会转向斜下方,从而给平板一个压力，气流绕过平板上方时在平板的下风面会形成低压区，因此，由平板两面的压差便产生了侧向作用力 F，该力可分解为阻力 F_D 与升力 F_L。

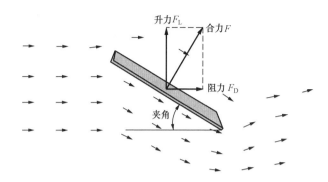

图 3-4 升力与阻力的形成 动画15

平板与气流方向的夹角称为攻角（或称迎角）。当攻角较小时，平板受到的阻力 F_D 较小；此时平板受到的作用力主要是升力 F_L。

例如，飞机、风筝能够升到空中就是依靠升力，升力型风力机也是靠叶片受到的升力工作的。

2. 翼型

翼型本是来自航空动力学的名词，是机翼剖面的形状，翼型均为流线型。风力机的叶片都是采用机翼或类似机翼的翼型。翼型的几何参数如图 3-5 所示。

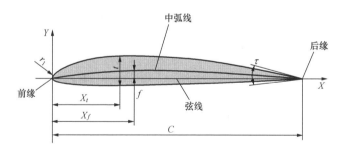

图 3-5 翼型的几何参数

与翼型上表面和下表面距离相等的曲线称为中弧线，翼型通过以下参数来描述：

（1）前缘、后缘。翼型中弧线的最前点称为翼型的前缘，最后点称为翼型的后缘。

（2）弦线、弦长。连接前缘与后缘的直线称为弦线；其长度称为弦长，用 C 表示。弦长是很重要的数据，翼型上的所有尺寸数据都是弦长的相对值。

（3）最大弯度、最大弯度位置。中弧线在 y 坐标最大值称为最大弯度，用 f 表示，简称弯度；最大弯度点的 X 坐标称为最大弯度位置，用 X_f 表示。

（4）最大厚度、最大厚度位置。上下翼面在 Y 坐标上的最大距离称为翼型的最大厚度，简称厚度，用 t 表示；最大厚度点的 X 坐标称为最大厚度位置，用 X_t 表示。

（5）前缘半径。翼型前缘为一圆弧，该圆弧半径称为前缘半径，用 r_1 表示。

（6）后缘角。翼型后缘上、下两弧线切线的夹角称为后缘角，用 τ 表示。

中弧线有弯度的翼型称为不对称翼型或带弯度翼型，如图3-5所示。当中弧线为直线，中弧线与弦线重合，上下两翼面以弦线对称，这种翼型为对称翼型，如图3-6所示。

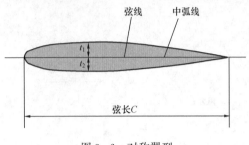

图3-6　对称翼型

3. 翼型的升力与阻力　📱动画16

民航飞机机翼的截面是常用的翼型，能产生较大的升力，且对气流的阻力很小。常用的飞机翼型上表面弯曲，下表面平直，是带弯度翼型，即使叶片弦线与气流方向平行也会有升力产生。这是因为绕过翼型上方的气流速度比下方气流快许多，根据流体力学的伯努利原理，上方气体压强比下方小，翼片就受到向上的升力 F_L。

翼型的弦线与来流方向的夹角称为攻角或迎角。有攻角的翼型能受到较大的升力，在来流速度不变时翼型受到的升力随攻角的增大而增大，阻力虽然也有增加但很小，与升力相比可忽略不计。图3-7和图3-8所示为攻角为0°和12°时的气流与升力图。

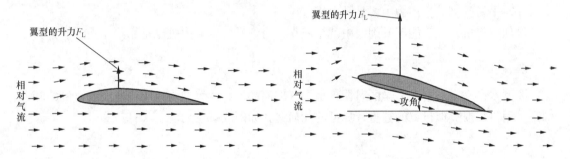

图3-7　翼型在攻角为0°的气流与升力示意　　　　图3-8　翼型在攻角为12°时的气流与升力示意

4. 压力中心

正常工作的翼型受到下方的气流压力与上方气流的吸力，这些力可用一个合力来表示，该力与弦线（翼型前缘与后缘的连线）的交点即为翼型的压力中心。

对称翼型在不失速状态下运行时，压力中心在离叶片前缘1/4叶片弦长位置（见图3-9）。

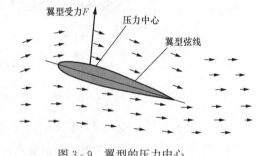

图3-9　翼型的压力中心

运行在不失速状态下的非对称翼型，在较大攻角时，压力中心在离叶片前缘1/4叶片弦长的位置；在小攻角时，压力中心会沿叶片弦长向后移。

第二节　风 力 机 的 种 类

根据所采用的不同结构类型、不同特征及不同组合，风力机可以分成多种类型，本书主要根据风力机旋转轴的布置（即主轴与地面相对位置）分类，可分为两类：水平轴风力机，风轮的旋转轴与风向平行；垂直轴风力机，风轮的旋转轴垂直于地面或气流方向。

1. 水平轴风力机

水平轴风力机的风轮围绕一个水平轴旋转，风轮的旋转轴与风向平行，风轮上的叶片是径向安置的，与旋转轴相垂直，并与风轮的旋转平面呈一角度（称为安装角）。水平轴风力机主要由叶片、轮毂、机舱、塔架构成。叶片安装在轮毂上构成风轮，风吹风轮旋转带动机舱内的发电机发电，塔架是整个风力机的支撑，如图 3 - 10 所示。

图 3 - 10 水平轴风力机组成图 📱动画12

水平轴风力机可分为升力型和阻力型两类。升力型旋转速度快，阻力型旋转速度慢。对于风力发电，水平轴风力机则是利用升力推动风机旋转做功的，是升力型风力机。图 3 - 11 表示的是一个叶片的截面受力图，叶片弦线与风轮旋转平面的夹角为 β，风是向上吹，风速为 v；叶片向左方运动，线速度为 u；叶片实际受到的是相对风速 w。风速 w 与叶片弦线的夹角为 α（攻角），在风速 w 的作用下，叶片受到升力 F_L 与阻力 F_D，F_L 与 F_D 的合力为 F_1，F_1 在风轮旋转平面上的投影为 F，F 就是推动风轮旋转的力。

大多数水平轴风力机具有对风装置：对于小型风力机，一般采用尾舵；对于大型风力机，则通过测风传感元件控制偏航装置（对风装置）推动风力机对风。

风轮要正面对着来风方向才能最好地接受风能，使风力机自动朝向风向称为对风（偏航）功能。面对风向，风轮在塔架前方的称为迎风式（也称上风式）风力机，风轮在塔架背风方向的称为顺风式（也称下风式）风力机。顺风式风力机无须任何装置即可自动对风，属于自由偏航。迎风式风力机必须有专门的对风装置，小型风力机普遍采用尾舵对风，风把尾舵吹向风力机后方使风轮面向风，如图 3 - 12 所示。

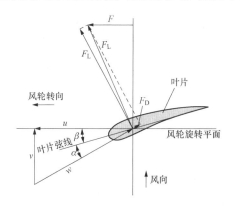

图 3 - 11 叶片的升力与阻力矢量图

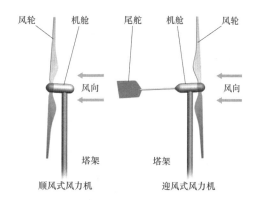

图 3 - 12 顺风式风力机与迎风式风力机 📱动画17

迎风式风力机必须安装某种调向装置来保持风轮对风，而顺风式风力机则能够自动对准风向，不用安装调向装置。但顺风式风力机，由于一部分空气通过塔架之后再吹向风轮，这样，塔架就干扰了流过叶片的气流而形成"塔影效应"，使性能有所降低。

风轮叶片数目多为 2 片或 3 片，它在高速运行时有较高的风能利用系数。风力机的叶片还有双叶的，甚至单叶片的 ［见图 3 - 13］；也有 4、5、6 叶的，在许多农用风力机中采用多叶片结构的风轮［见图 3-14］。

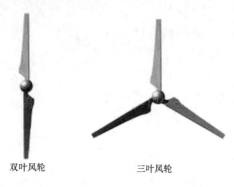
　双叶风轮　　　　　　三叶风轮

图 3-13　双叶片风轮与三叶片风轮

图 3-14　多叶片风轮

　　水平轴风力机的式样很多，有的具有反转叶片的风轮；有的在一个塔架上安装多个风轮，以便在输出功率一定的条件下减少塔架成本；有的利用锥形罩，使气流通过水平轴风轮时集中或扩散，因此加速或减速；还有的水平轴风力机在风轮周围产生漩涡，集中气流，增加气流速度。

　　水平轴风力发电机组有两个主要优点：一是实度较低，进而能量成本低于垂直轴风力发电机组；二是叶轮扫掠面的平均高度可以更高，利于增加发电量。

　　水平轴风力发电机组的发展历史较长，已经完全达到工业化生产，结构简单，效率比垂直轴风力发电机组高。图 3-15 展示了各种典型的水平轴风力机。

(a) 最早成功应用的水平轴风力机

(b) 陆地水平轴风力机

(c) 海岸水平轴风力机

(d) 海上水平轴风力机

图 3-15　典型的水平轴风力机（一）

(e) 直驱式海上水平轴风力机

(f) 漂浮的海上水平轴风力站

(g) 双叶片水平轴风力机

(h) 离心力调整桨距角的顺风式水平轴风力机

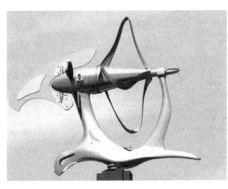

(i) 小型艺术水平轴风力机

(j) 扩散器水平轴风力机

图 3-15　典型的水平轴风力机（二）

2. 垂直轴风力机

垂直轴风力机的风轮围绕一个垂直轴旋转，风轮轴与风向垂直。其优点是可以接受来自任何方向的风，因而当风向改变时，无需对风。由于不需要调向装置，使它的结构设计大为简化。垂直轴风力机的另一个优点是齿轮箱和发电机可以安装在地面上，便于维修。垂直轴风力机如图 3-16 所示。

垂直轴风力机可分为两个主要类别：一类是阻力型垂直轴风力机利用对风的阻力做功；另一类是垂直轴风力机利用翼型的升力做功。

（1）阻力型垂直轴风力机利用对风的阻力做功。阻力型垂直轴风力机虽然风能利用效率

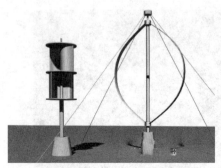

(a) 双S式阻力差风力机　(b) 升力型垂直轴风力机
　　　　　　　　　　　　　　（达里厄风力机）

图 3-16　垂直轴风力机 📱动画14.18

较低，但结构简单、运行可靠、安装维护方便，在小型微型风电中很有前途。阻力型垂直轴风力机看起来五花八门，但就从工作原理来看可归纳为以下几种：

1）屏障平板式风力机。屏障平板式风力机的叶片转子（风轮），在转轴上分布着 6 个平板叶片，风轮转轴与地面垂直，如图 3-17（a）所示。当风吹向风叶转子时，因为风在转子两侧的阻力相同，转子并不会旋转，如图 3-17（b）所示。

如果在轴的一侧装上挡风的屏障（见图 3-18），在挡风屏障一侧的风将绕屏障外表面通过，不对叶片产生推力；而另一侧接受风的推力，叶片转子就会旋转。当风向变化时，为了保证屏障总在转子旋转逆风的一面，屏障是可绕轴旋转的，在屏障后侧装有尾舵。安有尾舵的屏障可保证在任何风向下叶片转子都朝一个方向旋转。风力机叶片可以是平板，也可以是别的形状。图 3-19 表示屏障平板式风力机在不同风向下都可运转。

屏障平板式风力机对风的利用效率不高，在叶尖速比 λ 值为 0.2～0.6 时出力最大。由于

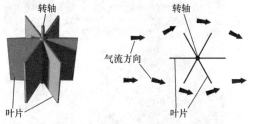

图 3-17　平板叶片风轮，在无屏障时
风轮不会旋转

结构简单，增速箱与发电机可安装在地面上，安装维护方便，适合在小型风电机组应用。

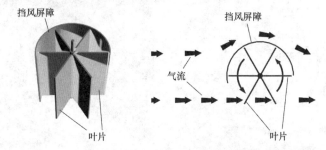

图 3-18　安装挡风屏障的平板叶片风轮在风作用下会旋转

图 3-19　屏障平板式风力机在不同风向作用下都可旋转 📱动画19

2）风杯式阻力差风力机。如图 3-20 所示，两个半球面杯对称安装在转轴两侧，球面方向相反，一个凸面向风，另一个凹面向风。显然在相同风力下后者对风的阻力比前者大。风杯式阻力差风力机是利用对风的阻力差做功的风力机。

当垂直方向有风时，凹面向风的球面受到的风阻力要比凸面向风的球面大，两个半球面风杯在正面风向时的阻力差一般为 3～4 倍，两侧风杯的阻力差将使风轮转动。为提高风力机效率，使转动平稳，风力机风轮至少有 3 个风杯。如图 3-21 所示为装有 4 个风杯的风轮。当风吹向风轮时，装有 4 个风杯的风轮就因阻力差而匀速旋转。

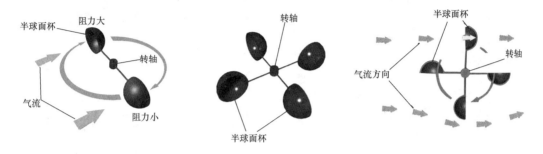

图 3-20　两个半球面风杯因阻力
　　　　　差而旋转

图 3-21　装有四个风杯的风轮 📱动画20

风杯式阻力差风力机风轮的轴垂直于地面安装，是垂直轴风力机，任何方向的水平风力都可以使它旋转。

为接收更多的风力，风杯要大又要简单结实，可做成是弧面的风杯，如图 3-22 右图所示的风力机，不过阻力差一般为 2 倍左右；多个半球面组成多层结构也是好办法，如图 3-22 左图所示的风力机就由多个锥形风杯构成。

风杯式风力机对风的利用效率较低，但结构最简单，无对风装置，适合在小型风电机组应用，增速箱与发电机可安装在地面上，便于安装维护。

3）S 式阻力差风力机。如图 3-23 所示为 S式阻力差风力机风轮，两个半圆柱面叶片对称安

图 3-22　两种风杯式阻力差风力机 📱动画21

装在转轴两侧，两个半圆柱面的叶片，柱面朝向相反，呈 S 形排列。一个凸面向风，另一个凹面向风。当垂直方向有风时，凹面向风的半圆柱面受到的风阻力要比凸面向风的半圆柱面大，两侧的阻力差将使风力机转子转动。

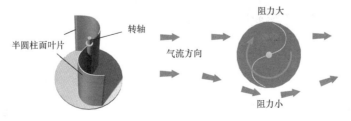

图 3-23　S式阻力差风力机风轮 📱动画22

如图 3-24 所示为一台 S 式阻力差风力机，其转子的轴垂直于地面安装，是垂直轴风力机。由于结构在水平方向对称，任何方向的水平风力均可推动它旋转。

当风向与两半圆柱面直径夹角很小时，静止的叶轮不能启动，为防止这个死角，也为转动平稳，S 式风力机转子一般由上下两组叶片组成，在水平方向相互垂直安装，组成双 S 式风轮，如图 3-25 所示。

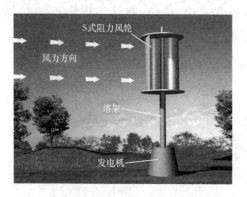

图 3-24　S 式阻力差风力机

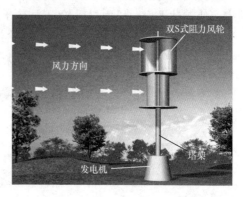

图 3-25　双 S 式风轮风力机

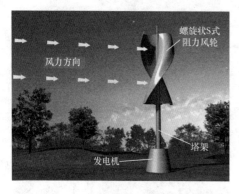

图 3-26　螺旋状 S 式风轮风力机

风叶也可以是螺旋状，同样可防死角，旋转平稳，也很美观，如图 3-26 所示。

S 式风力机对风的利用效率在阻力型风力机中是比较高的，且转矩较大，结构简单，无对风装置，性价比高，适合在小型风电应用，增速箱与发电机可安装在地面，方便安装维护。

S 式阻力差风力机的另两种结构为萨渥纽斯（Savonius）风力机与塞内加尔式风力机。

a. 萨渥纽斯风力机。萨渥纽斯风力机叶轮的两个半圆柱面叶片对称安装在转轴两侧，柱面朝向相反，两个半圆柱面叶片部分交错。半圆柱面叶片直径为 d，交错距离为 e，如图 3-27 所示。

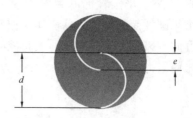

图 3-27　萨渥纽斯风力机风轮　动画23

当风吹向叶轮时，由于阻力差会使叶轮旋转，而且凹面部分气流会通过交错的空隙进入凸面背后，转折的气流能抵消部分凸面的阻力，可提高风机的效率，如图 3-28 所示。但 e

过大也会降低效率，当 $e/d=0.17$ 时效果最好。如果交错距离中装有转轴，转轴要细并要适当增大空隙。

由于萨渥纽斯风力机交错距离较小，主轴也没有通过叶轮中心，考虑薄叶片强度不够，常通过外框架来支撑叶轮。

萨渥纽斯风力机是阻力型风力机中风能利用系数最高的，在叶尖速比为 0.9 时风能利用系数可达 20% 以上。为防止死角与增大启动力矩，如同普通 S 式风力机一样，萨渥纽斯风力机也做成上、下两组互呈 90° 的结构，或者做成螺旋状。

b. 塞内加尔式风力机。塞内加尔式风力机类似 S 式风力机，它的叶轮由三个半圆柱面叶片与三块平板构成，如图 3-29 所示。

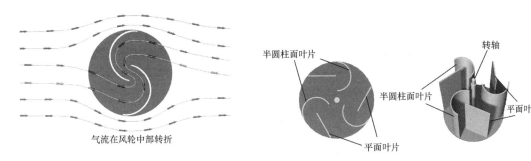

图 3-28　萨渥纽斯风轮气流图　　　　图 3-29　塞内加尔式风力机风轮

塞内加尔式风力机的启动力矩较大，能较好地利用风能。

阻力型垂直轴风力机虽然简单可靠，安装维修方便，但其叶尖速比在 0.5～0.9 时才能获得较高的功率输出。也就是说叶片速度较低，风轮外沿线速度仅为风速的一半，若风轮直径较大时，转速会很低。再说阻力型的垂直轴风力机功率系数一般不超过 15%，S 式阻力差风力机功率系数虽可达 25%，但其巨大的风叶生产制造、运输、安装都很困难，这就限制了阻力型风力机大型化的应用。目前，大中型风电机组主要采用水平轴风力机，属升力型风力机，具有转速高、风的利用率较高的优点，其运行叶尖速比通常在 4 以上，转速高，最大功率系数可达 50%。

（2）垂直轴风力机利用翼型的升力做功。最典型的是达里厄风力机，是水平轴风力机的主要竞争者。达里厄风力机有多种形式，基本上是直叶片和弯叶片两种。叶片为翼型剖面，空气绕叶片流动产生的合力形成转矩。

1）达里厄风力机。法国航空工程师达里厄（Darrieus）在 1931 年发明了升力型垂直轴风力机，后人习惯把升力型垂直轴风力机统称为达里厄风力机（D 式风力机），达里厄风力机的原始机型是 Φ 形结构，在国外已运行的大中型达里厄风力机是 Φ 形结构，中小型采用 H 形结构。目前，国内一些小微型升力阻力结合风力机采用 Φ 形结构，大一些的达里厄风力机多采用 H 形结构。下面就 H 形结构达里厄风力机的原理进行介绍。

如图 3-30 所示为 H 形达里厄风力机风轮结构，风轮由两片与转轴平行的叶片组成，叶片截面为流线型的对称翼型，以相反方向安装在风力机转轴两侧，风轮绕风力机转轴旋转。为了较清晰地表示其结构，图中将叶片弦长较实际比例进行夸大。

典型的达里厄风力机翼片不是直的，而是弯成弧形，两翼片合成一个 Φ 形。Φ 形结构非常简单，容易实现大型机组的制造与安装。如图 3-31 所示为达里厄风力机模型。

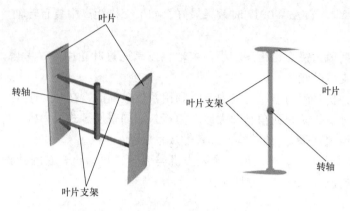

图 3-30　H 形达里厄风力机的风轮　动画18

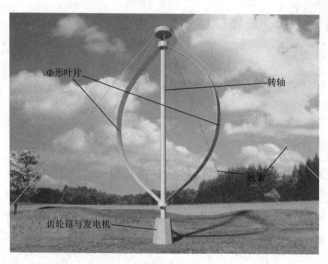

图 3-31　Φ形叶片的达里厄风力机　动画24

现在许多中小型达里厄风力机多采用直形风叶，简称 H 形风力机。H 形风力机的叶片数一般为 2～6 个，如图 3-32 所示为有 3 个叶片的风力机模型。对于可变攻角达里厄风力机，采用 H 形结构才便于实现。

达里厄风力机具有以下优点：叶片通过两端或中部固定在转轴上，有利于加大机械强度；发电机安装在地面可减轻头重脚轻的状况，对塔架要求较低，适合用拉索固定，检修较方便；风能利用系数高于 30%，远高于阻力型风力机。

对于达里厄风力机不能自启动的问题，一般方法是在启动时把发电机作为电动机运转带动风力机旋转，使叶尖速比达到 3.5 以上。由于对风速变化与负荷变化要求都较苛刻，在气流不平稳或湍流较大时都难以高效率运行，加上不能自启动等缺点，达里厄风力机的发展较慢，直至近些年经过技术上的改进，才开始有较大的发展。

2）装双 S 式风轮的达里厄风力机。为解决达里厄风力机不能自启动的缺点，在一些小型风力机转轴上加装阻力式风叶帮助启动。加装双 S 式风轮是一种简单实用的方案，双 S 式风轮结构简单、紧固，任何风向都可启动旋转。

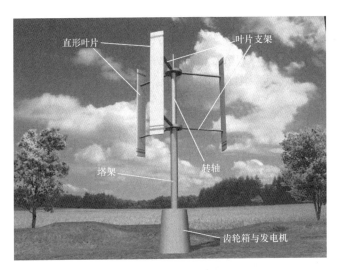

图 3-32　H 形叶片的达里厄风力机

如图 3-33 所示为加装双 S 式风轮的达里厄风力机，也称为 D-S 结合达里厄风力机，是升力-阻力结合式垂直轴风力机。

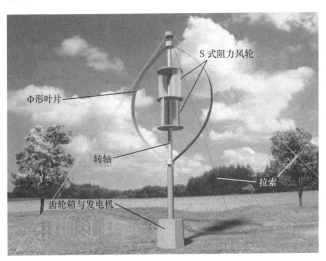

图 3-33　加装 S 式风轮的达里厄风力机　📱动画25

S 式风轮属阻力型风力机，风叶受力点在风速的 50% 左右具有较大的力矩与较好的功率系数。达里厄风力机属升力型风力机，必须在叶尖速比为 3 以上时才能启动。只有达里厄风轮直径是 S 式风轮直径的 4 倍以上时，S 式风轮才可能帮助达里厄风力机实现自启动。一般来说，达里厄风轮直径为 S 式风轮直径的 5 倍左右较好，使达里厄风力机进入正常运转时，达里厄风轮的叶尖速比为 4～5 时，S 式风轮也能有推力产生，S 式风轮还可以帮助达里厄风轮在风速突变时摆脱失速状态。

以上我们介绍的是经典的达里厄风力机，一个重要的条件是叶片弦长相对风轮直径很小，这样可以认为叶片周围的气流是直线运动的，也就是说叶片是在做直线运动；如果叶片弦长相对风轮直径较大，叶片周围的气流是弧线的，相当于叶片变成有弯度翼型，此时的情况就难以用简单方法分析了。

　　升力型垂直轴风力机转速比阻力型垂直轴风力机快得多，与同规模水平轴风力机差不多，所以直驱式发电机在升力型垂直轴风力机应用很广泛。由于垂直轴风力机的特点，发电机可安装在地面，这就降低了对塔架的要求。垂直轴风力发电机在风向改变时，无需对风向，在这一点上，相对于水平轴风力发电机是一大优点，这使得结构简化，同时也减小了风轮对风向时的陀螺力。

第三节　风力机是如何转起来的

　　现在做一个升力和阻力试验。把一块板子从行驶的车中伸出来，只抓住板子的一端，板子迎风的边称为前缘。把前缘稍稍朝上，会感到一种向上的升力；如果前缘朝下一点，会感到一个向下的力。在向上和向下的升力之间，有一个角度，不产生升力，称为零升力角。

　　在零升力角时，会产生很小的阻力。阻力将板子后拉呈 $90°$，前缘向上，这时阻力已大大增加，如果车的速度很大，板子可能从手中被吹走。

　　如果将板子的前缘从零升力角开始慢慢地向上转动。开始时升力增加，阻力也增加，但升力比阻力增加的速度快得多。到某一个角度之后，升力突然下降，但阻力继续增加。这说明升力和阻力是同时产生的。

　　1. 叶片翼型的几何形状与空气动力学特性

　　现代风力机风轮叶片的剖面形状如图 3-34 所示（其速度矢量的方向及图中各角度符号参照图 3-4）。先考虑一个不动的翼型受到风吹的情况，风的速度为矢量 v，方向与翼型平面平行。翼型的尖尾 B 点称为后缘，圆头上 A 点为前缘，连接前、后缘的直线 AB 为翼弦，也称弦

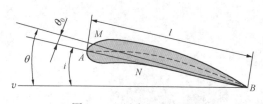

图 3-34　风力机叶片翼型

线，其长度为 l，称为弦长，AMB 为翼型上表面，ANB 为翼型下表面，从前缘到后缘的弯曲虚线称为翼型的中线，也称中弧线；攻角 i 是翼弦与气流速度矢量 v 之间的夹角。θ_0 为桨距角；θ 为气流的入流角，是合成气流速度与风轮旋转平台之间的夹角。

　　风力机主要利用气动升力的风轮，气动升力是由飞行器的机翼产生的一种力。从图 3-35 可以看出，机翼翼型运动的气流方向有所变化，在其上表面形成低压区，在其下表面形成高压区，产生向上的合力，并垂直于气流方向在产生升力的同时也产生阻力，风速因此而有所下降。

　　下面考虑风吹过叶片时所受的空气动力，翼型受力如图 3-36 所示，上表面压力为负，下表面压力为正。合力 F 可用公式表达为

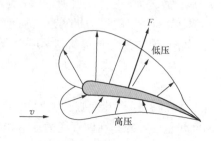

图 3-35　翼型压力分布

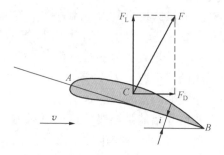

图 3-36　翼型受力

$$F = 0.5\rho CSv^2$$

式中　ρ——空气密度；

　　　C——总的气动力系数；

　　　S——叶片面积。

力 F 可分解为两个分力：一个是垂直于气流速度 v 的分力——升力 F_L；另一个是平行于气流速度的分力——阻力 F_D。升力 F_L 和 F_D 可用公式表示为

$$F_L = 0.5\rho C_L Sv^2$$
$$F_D = 0.5\rho C_D Sv^2$$

式中　C_L、C_D——翼型的升力系数和阻力系数。

由于力 F_L 和 F_D 互相垂直，因此有

$$F^2 = F_D^2 + F_L^2$$

翼型的升力系数和阻力系数随攻角的变化曲线如图 3-37 和图 3-38 所示。

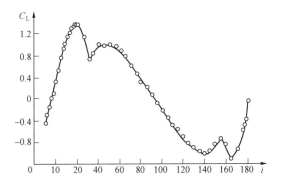

图 3-37　升力系数-攻角的变化曲线

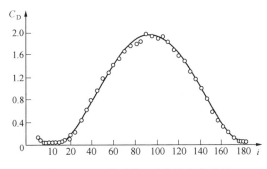

图 3-38　阻力系数-攻角的变化曲线

当翼片与气流方向有夹角（该角称攻角或迎角）时，随攻角增加升力会增大，阻力也会增大，平衡这一利弊，一般攻角为 $8°\sim15°$ 较好。攻角超过 $15°$ 后翼片上方气流会发生分离，产生涡流，升力会迅速下降，阻力会急剧上升，翼片进入失速状态。

2. 风轮空气动力学的几何定义

(1) 风轮轴：风轮旋转运动的轴线。

(2) 旋转平面：与风轮轴垂直，叶片在旋转时的平面。

(3) 风轮直径：风轮扫掠面的直径。

(4) 叶片轴：叶片纵向轴，绕此轴可以改变叶片相对于旋转平面的偏转角（安装角）。

(5) 在半径 r 处的叶片截面：叶片与半径为 r 并以风轮轴为轴线的圆柱相交的截面。

(6) 安装角或桨距角：在半径 r 处翼型的弦线与旋转面的夹角，如图 3-39 所示。

3. 叶素特性

风轮叶片在半径 r 处的一个基本单元称为叶素，其弦长为 l，安装角为 α。这个叶素在旋转平面内的速度 $v = 2\pi rn$。如果把 $|v|$ 当作流过风轮气流轴向速度，则气流相对速度为 w，如图 3-40 所示。风力机叶片运动时所感受到的风速是外来风速与叶片运动速度的合成速度，称为相对风速。如图 3-40 所示风力机的叶片截面，当叶片运动时，叶片感受到的相对风速为 w，它是叶片的线速度 u 与风进叶轮前的速度 v 的合成矢量。

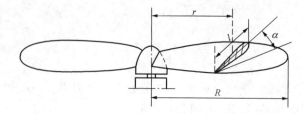

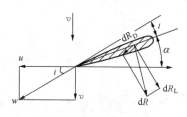

图 3-39　风轮翼型

图 3-40　翼型参数关系

叶素受到相对气流 w 的作用，产生一个空气动力 dR，此力分解为一个垂直于 w 的升力 dR_L 和平行于 w 的阻力 dR_D。C_L 和 C_D 的值随半径 r 变化，同时还与叶素翼型的攻角有关。空气动力 dR 使风轮产生轴向的推力和使风轮旋转的扭矩。

dF 是 dR 在风轮轴向上的分力，而 dM 为 dR 在旋转平面上的分力对风轮轴的力矩，dF 和 dM 分别为

$$dF = dR_L\cos i + dR_D\sin i$$
$$dM = r(dR_L\sin i - dR_D\cos i)$$

叶素理论就是把叶片看成沿着叶片展向由无数个微段（叶素）组成，作用在每个叶素上的力和力矩沿着叶片展向积分，从而获得作用在风轮上的推力和力矩。

4. 叶尖速比

风轮叶片尖端线速度（也称切线速度）与风速之比称为叶尖速比，用来表示风轮运行速度的快慢。

如图 3-41 所示为一个风力机的叶轮，u 是旋转的风力机风轮外径切线速度，v 是风进叶轮前的速度，叶尖速比为

$$\lambda = \frac{u}{v}$$

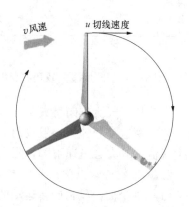

图 3-41　叶尖速比示意

升力型风力机叶尖速比一般为 3~8。叶尖速比直接反映了相对风速与叶片运动方向的夹角，即直接关系到叶片的攻角，是分析风力机性能的重要参数。注意：对于水平轴风力机，叶片尖端线速度 u 与风速 v 是相互垂直的，叶尖速比是两者数量之比。

5. 实度比

风力机叶片的总面积与风通过风轮的面积（风轮扫掠面积）之比称为实度比（容积比），是风力机的一个参考数据。

如图 3-42（a）所示为水平轴风力机叶轮，实度比为

$$\sigma = \frac{BS}{\pi R^2}$$

式中　S——每个叶片对风的投影面积；

　　　　B——叶片个数；

　　　　R——风轮半径。

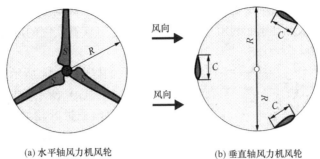

(a) 水平轴风力机风轮　　　　(b) 垂直轴风力机风轮

图 3-42　风力机风轮的实度比示意

如图 3-42（b）所示为升力型垂直轴风力机风轮。这里介绍一种垂直轴风力机叶轮扫掠面积的算法。对于 H 形风轮，风轮的迎风面积为 $2RL$，于是

$$\sigma = BCL/2RL = BC/2R$$

式中　C——叶片弦长；

　　　L——叶片长度。

多叶片的风力机有高实度比，适合低风速、低转速大力矩的风力机，其效率较低。风力发电机多采用少叶片与窄叶片的低实度比风力机，可以较高转速运行，效率也较高。

如图 3-43 所示为单叶片、双叶片、三叶片、多叶片四种水平轴风力机叶轮示意。图中从单叶片到三叶片的风轮实度比小，是低实度风轮，12 叶片的风轮实度比高，是高实度风轮。

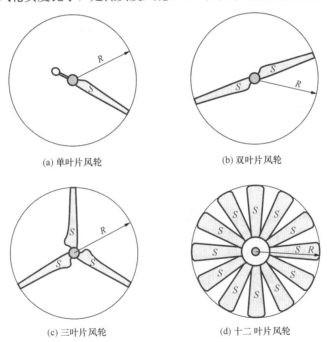

(a) 单叶片风轮　　　　(b) 双叶片风轮

(c) 三叶片风轮　　　　(d) 十二叶片风轮

图 3-43　单叶片至多叶片的水平轴风力机叶轮示意

目前，大多数水平轴风力机的风轮采用三叶片形式，只有一些农用抽水风力机采用多叶片的形式。

一些初接触风力发电机的人常发出疑问，认为 3 个细细的叶片让大多数风都漏掉了，为

什么不采用多叶片风轮以便接受更多风能。也有人设计一些高实度风力机，甚至前后两级高实度风轮的风力机，认为是风能利用率很高的风力机。其实高实度的风轮不一定能提高风能利用率，结果可能相反。

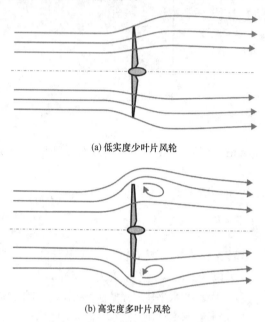

(a) 低实度少叶片风轮

(b) 高实度多叶片风轮

图 3-44 三叶片与多叶片的气流示意

我们以图 3-44 所示为例做一简单说明。如图 3-44（a）所示为风通过普通三叶片的气流，气流通过叶轮做功后速度减慢，由于速度变慢气流向四周发散，就有了图中所示的气体发散的流动曲线。举个例子，一队人马（按 2 列排列）沿路跑步，经过某点时的人速度减慢为原来的 1/2，在该点后这些减慢的人群将变为 4 列才能保持原有间距，将占用更宽的路面。

如图 3-44（b）所示为风通过多叶片的气流，多叶片大大增加了气体通过的阻力，气流会分开绕过叶轮流向后方，只有部分气流通过叶轮做功，所以叶轮实际得到的风功率减小了，这就是多叶片风力机得不到更多风能的重要原因。

能不能不让气流绕过叶轮呢？那只有将风轮外围的风挡住（见图 3-45），设立一个

风坝，风坝中开有气流通道，风轮安装在气流通道中，这样气流就不会绕过风轮，由于风坝造成坝前与坝后有较大的压差，进入通道内的气流速度会比原风速提高许多，气流通过实度较大的风轮时也减速不多，若风坝够大，还可再增加一级风轮叶片来提高风能利用率。

如果仅从风坝前来风速度与风轮面积来计算风能利用率肯定超过贝茨极限（见本章第四节），实际上应该把整个风坝的面积作为受风面积，这样算来风能利用率就很小了，而且建立风坝会使成本大大增加，没有实际应用价值，除非有现成的物体或

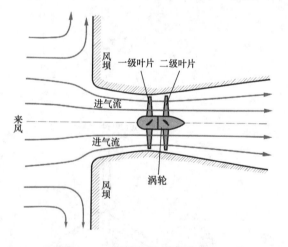

图 3-45 风道内的风涡轮示意

建筑物充当风坝。由于这样的风坝不会随风向转动，也只能应用在风向长期较稳定的地方。

在风轮外周安装扩散器，可以提高扩散器内的风速，也可适当增加风轮的实度。

低实度少叶片风轮是不是让绝大部分气流漏掉了呢？如果风轮没有旋转，风叶是静止的，绝大部分气流确实漏掉了；但在风轮高速旋转时，情况就不同了。低实度风力机运转速度较高，叶片线速度较风速高许多倍，在气流通过叶轮厚度这段时间里，叶轮旋转了较大的角度，所有叶片扫过了大部分通过叶轮的气流，也就是说通过叶轮的大部分气流都对叶轮做

了功，所以低实度少叶片风轮在高速旋转时可获得较多的风能。

　　而实度比过高的风轮，不但阻碍了气流的通过，旋转叶片的尾流还造成叶片间的相互影响，另外叶片失速等问题也会降低风力机的效率。

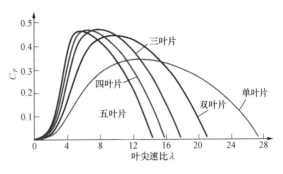

图 3-46　单叶片到五叶片的风能利用系数曲线

　　关于叶片数量的选取，国内外做了大量试验。如图 3-46 所示为从单叶片到五叶片水平轴风力机的风能利用系数曲线。横坐标是叶尖速比，纵坐标是风能利用系数（功率系数）。

　　从图 3-46 可以看出，3～5 个叶片都有较高的最大风能利用系数，但五叶片与四叶片在最大风能利用系数时尖速比范围较小（即可用风速范围较小）。由于风力发电机希望转速高（可减小齿轮箱的增速比），还要在较宽的风速范围内都能获得高的风能利用系数，也就是要能在较宽的叶尖速比范围内工作，而且以合适的高转速运转，所以二、三、四叶片是风力发电机常用的选择，应用最多的是三叶片，即"一根杆子三根针"的结构。当然选择三叶片还有风力机结构强度、制造成本、噪声、外观等原因。

　　多叶片风轮的实度大，风能利用率相对低一些。在图 3-47 中，左侧示意多叶片风轮的风能利用系数曲线，它的叶尖速比范围也小（不超过 2）。但多叶片风轮也有优点，同样直径的风轮比少叶片风轮输出力矩大得多，而且低风速启动能力很强，所以在农村抽水、碾磨中应用较多。在风速稳定的地区特别是低风速地区，根据不同用途，采用 4～8 个叶片的风力机有可能获得较好的风能利用效果。

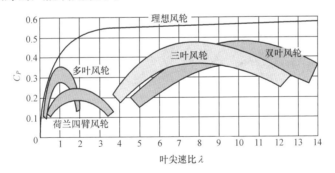

图 3-47　双叶片到多叶片的风能利用系数示意

　　以上只是简单介绍了风轮的实度与风能利用系数的基本常识，实际情况要更复杂一些，相同叶片数的风轮也会因叶片弦长（叶片宽度）不同而风轮实度不同，同时叶片的攻角、形状都直接影响风力机的风能利用系数。

　　6. 垂直的叶片如何带动风轮旋转

　　垂直的叶片是如何带动风轮旋转的呢？通过图 3-48 来分析其原理（图中箭头线均为矢量），风轮轴在叶轮径向线上，叶片随风轮旋转沿翼片轨迹运动到上风面某位置。来风从左边进入，矢量 v 是外来风速、矢量 u 是叶片圆周运动的线速度（其箭头方向是无风时翼片感受到的气流方向与速度）、矢量 w 是叶片感受到的合成气流速度（即相对风速）；矢量 F_L 是

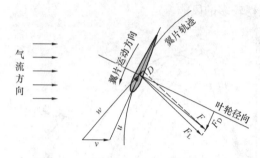

图 3 - 48　达里厄风力机叶片受力分析

叶片受到的升力；矢量 F_D 为叶片受到的阻力；矢量 F 是升力 F_L 与阻力 F_D 的合成力，合成力在叶片前进方向的分力形成对风轮转轴的转矩 M。

叶片随风轮旋转到不同角度是否都有推动风轮旋转的转矩呢？如图 3 - 49 所示为叶片随风轮旋转到不同角度的受力图，通过该图来看 H 形达里厄风力机的工作原理，在图中列举了从 $0°$～$315°$共 8 个位置的叶片，图中角度不是叶片与来风的夹角，角度是按风轮反时针旋转方向，图上部叶片与来风方向平行的位置为 $0°$。来风从左边进入，矢量 v 是外来风速、矢量 u 是叶片圆周运动的线速度（反向）、矢量 w 是叶片感受到的合成气流速度（即相对风速）、矢量 F_L 是叶片受到的升力，由于正常工作时的阻力很小，在图中很难标出，故不显示阻力。

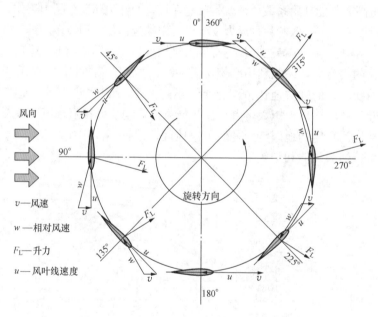

图 3 - 49　达里厄风力机受力旋转原理　📱动画26

我们分析一下叶片在这八个角度的受力情况。除了在 $0°$ 与 $180°$的位置，相对风速不产生升力，在其他 6 个位置上叶片受到的升力均能在运动方向产生转矩，在 $90°$ 与 $270°$能提供最大的转矩，这些转矩都朝着同一旋转方向，这就是达里厄风力机能在风力下旋转的原理。

第四节　风力机的功率

风的动能与风速的平方成正比，当一个物体使流动的空气速度变慢时，流动的空气中的动能部分转变成物体上的压力能，整个物体上的压力就是作用在这个物体上的力。功率是力和速度的乘积，这也可以用于风轮的功率计算。因为风力与速度的平方成正比，所以风的功率与速度的三次方成正比，如果风速增加一倍，风的功率便增加七倍。这在风力机设计中是一个很重要的概念。

风力机的风轮是从空气中吸收能量的，而不是像飞机螺旋桨那样，把能量投入空气中去。风轮从风中吸收的功率可以用下面的公式表示，即

$$P = \frac{1}{2}C_P\rho v^3 A$$

式中　P——风轮输出的功率；

　　　C_P——风轮的功率系数；

　　　A——风轮扫掠面积；

　　　ρ——空气密度；

　　　v——风速。

众所周知，如果接近风力机的空气全部动能都被转动的风轮叶片所吸收，那么风轮后的空气就不动了，然而空气不可能完全停止，所以风力机的效率总是小于1。

下面介绍一下贝兹（Betz）极限。

贝兹假设了一种理想的风轮，即假设风轮是一个平面圆盘，叶片无穷多，空气没有摩擦和黏性，流过风轮的气流是均匀的，且垂直于风轮旋转平面，气流可以看作是不可压缩的，速度不大，所以空气密度可看作不变。当气流通过圆盘时，因为速度下降，流线必须扩散。利用动量理论，圆盘上游和下游的压力是不同的，但在整个盘上是个常量。实际上假设现代风力机一般具有2、3个叶片的风轮，用一个无限多的薄叶片的风轮所替代。

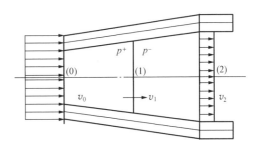

图 3-50　风轮流动的单元流管模型

在图3-50所示的流管中，远前方（0）风轮（1）和远后方（2）的流量 M 是相同的，所以

$$M = \rho A_0 v_0 = \rho A_1 v_1 = \rho A_2 v_2$$

作用在圆盘上的力 F 可由动量变化来确定，即

$$F = M(v_0 - v_2)$$

风轮所吸收的功 W 可用动量变化的速率来确定，即

$$W = \frac{1}{2}M(v_0^2 - v_2^2)$$

在圆盘上力 F 以 v_1 速度做功，所以

$$W = Fv_1$$

$$v_1 = \frac{1}{2}(v_0 + v_2)$$

现在引进下游速度因子 b，其计算公式为

$$b = \frac{v_2}{v_0}$$

$$\frac{F}{A_1} = \frac{1}{2}\rho v_0^2(1 - b^2)$$

$$\frac{W}{A_1} = \frac{1}{2}\rho v_0^3 \frac{1}{2}(1-b^2)(1+b)$$

$$W_1 = \frac{1}{2}A_1 v_0^3$$

功率系数定义为风轮吸收的能量和总能量之比，即

$$C_P = \frac{W}{W_1}$$

$$C_P = \frac{1}{2}(1-b^2)(1+b)$$

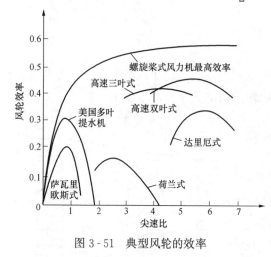

图 3-51 典型风轮的效率

把 C_P 对 b 微分，当 $b = \frac{1}{3}$ 时，C_P 最大，$C_P = 16/27 \approx 0.593$。这就是著名的贝兹理论，它说明风轮从自然界中获得的能量是有限的，表示风轮可达的最大效率，理论上最大值为 0.593，损失部分可解释为留在尾迹中的气流旋转动能。

试验数据表明：双叶片的风轮旋转速度越快，风轮效率越高，尖速比为 5 或 6 时，效率可达 0.47；同样，达里厄式风轮在尖速比为 6 时，最大效率为 0.35。典型风轮的效率如图 3-51 所示。

第五节 风力机的功率调节

风力机必须有一套控制系统用来限制功率和转速，使风力机在大风或故障过载荷时得到保护。风轮机的设计思想是尽可能便宜地产生电能。风轮机的设计是基于目标风场的风速条件，因此风轮机一般被设计成在风速为 8～15m/s 时具有最佳的性能，即有最大的电能产出，而不是花费心思把风机设计在强风时有最多电能产出，因为强风天气不多见。因此，在强风天气时必须浪费多余风能，以免破坏风机。 📱动画27

当风速达到某一值时，风力机达到额定功率。自然风的速度变化常会超过这一风速，在正常运行时，由于风速和功率是三次方的关系，当风力机达到额定点以后，必须有相应的功率调节措施，使风力机的输出功率不再增加。

目前主要有两种调节功率的方法，都是采用空气动力方法进行调节的：一种是定桨距（失速）调节方法；另一种是变桨距调节方法。

1. 失速控制

下面通过图 3-52 来说明失速。如图 3-52 所示为一个低阻翼型的气流动力图，正常运行时气流附着翼型表面流过，由于翼型与来流有攻角 α，翼型受到一个上升的力 F_L，当然翼型也会受到气流的阻力 F_D。这是正常的工作状态，有较大的升力且阻力很小，升力随 α 增大而增大 [见图 3-52 (a)]。

但翼型的升力并不是随攻角 α 增大而一直增大，如果攻角 α 大到一定程度，气体将不再附

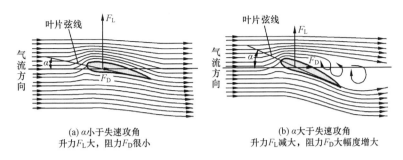

(a) α小于失速攻角
升力F_L大，阻力F_D很小

(b) α大于失速攻角
升力F_L减大，阻力F_D大幅度增大

图 3-52　翼型的升力与阻力在失速前后的变化

着翼型表面流过，在翼型上方气流会发生分离，翼型前缘后方产生涡流，导致升力下降阻力急剧上升，这种情况称为失速，发生失速的攻角称为失速攻角（失速角），见图 3-52（b）。

如图 3-53 所示为翼型的升力特性与阻力特性随翼型攻角变化曲线图。在图中可看到在 α 小于失速攻角时升力随 α 增大而增大，一旦 α 大于失速攻角时，升力下降，阻力会急剧上升。注意，图 3-53 是某两种翼型在一定的环境条件与一定风速时的升力、阻力变化特性，当环境条件与风速不同时，曲线会有差别。

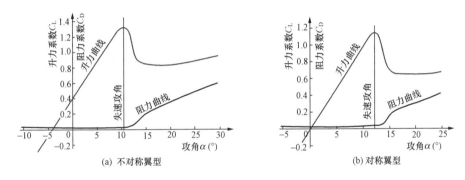

(a) 不对称翼型

(b) 对称翼型

图 3-53　翼型的升力与阻力特性

图 3-53 中的特性曲线是所谓静态曲线，也就是说，气流是平稳的，翼型攻角变化缓慢。如果气流有湍流、涡流，翼型攻角变化快，情况就复杂多了，此时翼型的失速攻角会增大。当翼型攻角增大进入失速后攻角再减小时，升力系数曲线不会沿原来曲线返回，而是沿另一条系数较小的曲线返回。如图 3-54 所示为某对称翼型在动态失速时的升力系数曲线，是翼型的攻角 α 在 $4°\sim24°$ 反复变化时的循环曲线。

如图 3-54（a）所示为翼型的升力系数 C_L 的动态失速曲线，当翼型攻角 α 快速增加时，到 $16°$ 后升力系数进入最大值，达到 1.6，而该翼型的静态失速角为 $12°$ 左右，最大升力系数是 1.2，显然在动态失速时的攻角与升力系数都有较大提高。当翼型攻角 α 超过 $16°$ 后，升力系数开始下降，攻角 α 到 $24°$ 时，升力系数 C_L 降到 1.2，当翼型攻角 α 减小时，升力系数的变化并不按原曲线返回，而是以较低的系数返回，在 $16°$ 的 C_L 仅为 1.0 左右，直到攻角返回到 $4°$ 与原上升曲线会合。图 3-54 中图（b）是与图（a）同样条件下翼型的阻力系数 C_D 的动态失速曲线，阻力系数急剧上升的攻角 α 也增大了。

动态失速产生原因很复杂，随不同的风速、环境条件等变化而变化，而且与翼型攻角反复变化的范围与频率直接相关，不同条件下的循环曲线差别较大，故图 3-54 的曲线仅供参考。

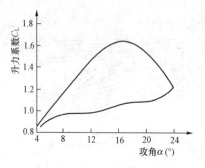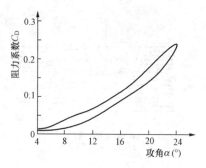

(a) 升力系数C_L随攻角α周期变化动态失速曲线　　(b) 阻力系数C_D随攻角α周期变化动态失速曲线

图 3-54　对称翼型的动态失速

　　升力型垂直轴风力机叶片攻角变化频繁，变化角度大，叶片在上风面产生的涡流会严重影响下风面叶片的正常运行，叶片经常会进入动态失速状态。水平轴风力机在风速突变、湍流特别是叶片发生振荡时都会有动态失速出现，所以分析风力机运行状态时要考虑叶片动态失速的影响，设计良好的风力机可以在发生动态失速时充分利用产生的大升力来提高风能利用率。

　　利用翼型的失速特性可以对风力机功率进行控制，失速控制在中小型风力机中应用广泛，主要是通过确定叶片翼型的扭角分布，使风轮功率达到额定点后，进入失速状态后升力下降阻力增大来实现的。失速控制是一种简单的功率调节方法，因为它无需任何附加转动部件，叶片刚性固定在轮毂上，因此，其造价比较低。在一般运行情况下，风轮上的动力来源于气流在翼型上流过产生的升力。当风轮转速恒定，风速增加，叶片上的攻角随之增加，如图 3-55 所示为叶片（翼型）在正常状态与失速状态的受力示意，图中箭头线均为矢量，u 是叶片的线速度，β 角是翼型弦线与叶片旋转平面的夹角（称为桨距角或安装角），v 是外来风方向，w 是相对风速，攻角 α 是翼型的攻角。

　　如图 3-55（a）所示为在正常运行（攻角 α 小于失速角）状态，翼型在相对风速作用下产生升力 F_L 与阻力 F_D，F_L 与 F_D 的合力是 F，F 在叶片旋转平面上的投影是 F_t，这是推动风轮旋转的力。

　　当风速加大，攻角 α 增大，F_t 增大，风轮转速上升，当攻角 α 大于失速角后，升力 F_L下降，阻力 F_D 急剧上升，由于阻力急剧上升，合力 F 在叶片旋转平面上的投影 F_t（切向力）不会增大，且有可能减小，从而抑制风轮转速的上升，在风速继续增加时，风轮转速不会明显上升［见图 3-55（b）］。

　　由于风的不稳定，如阵风、湍流等，失速角是动态变化的，所以既要考虑静态失速角，又要根据现场情况考虑动态失速范围，从而决定叶片的安装角，以保证机组额定出力。另外失速型机组受空气密度的影响也比较大，在高海拔地区有可能达不到其额定输出。

　　失速控制型机组的启动特性比较差。在风轮静止时，出现气流的扰动，那么启动力矩很小，主要是由于在叶片的表面上的流动气流变化而造成的。并网型失速控制型机组一般在启动时，发电机做电动机来运行，这时从电网吸收的电能不多，风轮会很快加速到同步转速自动地由电动机状态变为发电状态。

　　失速控制的一个难题是如果风力发电机组脱网，风轮将加速，在这种情况下，攻角将减小，叶片将脱离失速区，导致风轮上的扭矩增加，这将加剧风轮超速的程度。因此，相对变桨距控制型风力发电机组来说，在设计失速控制型风力发电机组的刹车系统时，更应注意其安全性。

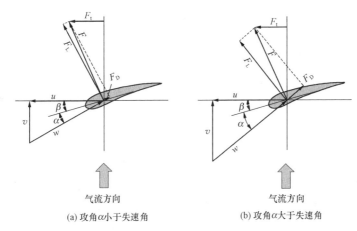

(a) 攻角α小于失速角　　　　　　(b) 攻角α大于失速角

图 3 - 55　风力机失速控制原理

与变桨距控制型机组相比，当超过额定风速时，攻角进入失速区，气动阻力变得很大，轴向推力随着风速增加而增加。因此，失速型风轮产生的轴向推力，随着风速的继续增加，推力也会增加，而且当功率恒定或稍微下降时也会这样。因此，失速控制型机组的各个部件与变桨距控制型机组相比所承受的载荷更大。

失速控制型机组必须有可靠的刹车系统，以保证风轮能停下来，这样在刹车机构和风轮上的载荷都要比变桨距控制型机组大得多。

功率的变化范围取决于何时开始失速。当气流速度变化越快时，瞬间攻角很大而很快叶片产生失速，部分的短时失速，当功率超过额定值时功率也有相应的变化。

叶片失速后，阵风对功率波动影响不大，因为失速时升力变化不大。这一范围内产生的功率波动变化不大，与变桨距控制型机组一样，气流失速就像变桨距控制型机组的功率调节。当风速变化时瞬时功率变化在失速时相对很小，而变桨距控制型机组只有当变距速度很快时才能达到功率变化小的目的。

叶片的自动失速性能是依靠叶片本身的翼型设计来实现的。而叶片的制动能力是通过叶尖扰流器和机械制动来实现的。叶尖扰流器是叶片叶尖一段可以转动的部分，正常运行时，叶尖扰流器与叶片主体部分精密地合为一体，组成完整的叶片。需要安全停机时，液压系统按控制指令将扰流器完全释放并旋转 $80° \sim 90°$ 形成阻尼板。由于叶尖扰流器位于叶片尖端，整个叶片作为一个长的杠杆，产生的气动阻力相当高，足以使风力发电机在几乎没有任何其他机械制动的情况下迅速减速，叶尖扰流器的结构如图 3 - 56 所示。而由液压驱动的机械制动被安装在传动轴上，作为辅助制动装置使用。

失速控制型风轮的优点如下：

（1）叶片和轮毂之间无运动部件，轮毂结构简单，费用低。

（2）没有功率调节系统的维护费。

（3）在失速后功率的波动相对小。

失速控制型风轮的缺点如下：

（1）气动刹车系统可靠性设计和制造要求高。

（2）叶片、机舱和塔架上的动态载荷高。

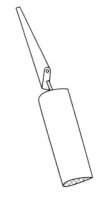

图 3 - 56　叶尖扰流器的结构

（3）由于常需要刹车过程，在叶片和传动系统中产生很高的机械载荷。

（4）启动性差。

（5）机组承受的风载荷大。

（6）在低空气密度地区难以达到额定功率。

（7）进入失速控制后只能在一定的风速变化范围内控制风轮在较小的范围内变化，不能实现稳定的转速控制。

2. 变桨距控制

变桨距控制主要是通过改变翼型攻角变化，使翼型升力变化来进行调节的。变桨距控制多用于大型风力发电机组，是通过叶片和轮毂之间的轴承机构转动叶片来改变攻角，由此来改变翼型的升力，以达到改变作用在风轮叶片上的扭矩和功率的目的。变桨调节时叶片攻角可相对气流连续地变化，以便得到风轮功率输出达到希望的范围。

如图 3-57 所示为变桨距控制转速示意，图中符号与矢量含义与图 3-55 相同，图 3-57 （a）与图 3-55 （a）相同，是在正常运行（攻角 α 小于失速角）状态；当风速增大时，在攻角 α 没到失速角时就转动叶片使攻角 α 小于失速角，并维持切向力 F_t 不变，图 3-57 （b）就是改变叶片桨距角 β，减小攻角 α 来抑制叶片切向力 F_t 变化的示意。

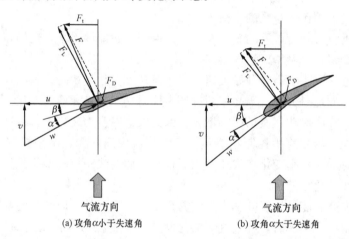

(a) 攻角 α 小于失速角　　　　　　(b) 攻角 α 大于失速角

图 3-57　风力机变桨距控制原理

桨距角 β 一般变化范围为 $90°\sim100°$。变桨距控制转速时的桨距角 β 变化范围一般为 $0°\sim35°$，通过改变叶片桨距角来改变攻角从而稳定输出功率。顺桨即 β 为 $90°$ 左右，此时攻角 α 在 $0°$ 附近，叶片的升力为 0，这是风力机在遇到强风时的最好保护。

变桨距控制型风轮的优点如下：

（1）启动性好。

（2）刹车机构简单，叶片顺桨后风轮转速可以迅速下降。

（3）额定点以前的功率输出饱满。

（4）额定点以后的输出功率平滑。

（5）风轮叶根承受的静、动载荷小。

变桨距控制型风轮的缺点如下：

（1）由于有叶片变桨机构、轮毂较复杂，可靠性设计要求高，维护费用高；

（2）功率调节系统复杂，费用高。

 思考与拓展

1. 风力发电机开始发电时，轮毂高度处的最低风速称为_____。

2. 风力发电机达到额定功率输出时规定的风速称为_____。

3. 叶轮旋转时叶尖运动所生成圆的投影面积称为_____。

4. 风轮的叶尖速比是风轮的_____和设计风速之比。

5. 叶轮旋转时叶尖运动所生成圆的投影面积称为_____。

6. 在一般运行情况下，风轮上的动力来源于气流在翼型上流过产生的升力。由于风轮转速恒定，风速增加叶片上的攻角随之增加，直到最后气流在翼型上表面分离而产生脱落，这种现象称为_____。

7. 风力发电机的种类相当多，依结构式样可以分类如下：

按主轴与地面的相对位置，可分为_____与_____；

按转子相对于风向的位置，可分为_____与_____；

按转子叶片的工作原理，可分为_____与_____。

8. 某地年平均风速为 7.5m/s，空气密度 ρ 为 1.2kg/m³，求作用在物体上的风压 P？若风轮扫描风轮扫掠面积 $A=100\text{m}^2$，则风功率 W 为多少？

9. 什么是失速控制？

10. 什么是变桨控制？

做一做

小时候你做过纸风车吗？如图 3-58 所示为一组同学课后的作品。现在，你和同学们分组，试着做一个风力机的模型如何？看了书中那么多的风力机，查查资料，也许你有创新呢！

图 3-58 风力机模型

风力发电机组的结构与组成

第四章

第四章数字资源

　　纵观风力机的发展历史，从古到今，尽管风力机的外表式样差别很大，然而就其工作原理与结构而言还是大同小异的。本篇主要介绍风力发电机组的结构与组成。动画28

第一节　水平轴风力发电机的结构与组成

为了捕捉更多的风能，水平轴风力机通常都是采用高位布置，把机舱与风轮安装在塔架顶端。目前风电行业双馈机组占比仍然相对较高，下面以双馈风力发电机组结构为例进行介绍。从外观上看，风力机主要包含三部分：风轮（叶轮）、机舱和塔架。风轮主要由导流罩、叶片及轮毂组成，如图4-1（a）所示；机舱内主要由主轴及其他轴承、增速齿轮箱、异步发电机等设备组成，如图4-1（b）所示。

风力发电机组整机建立在钢结构底座上，塔架安装在地基连接法兰上，地基连接法兰牢固地固定在钢筋混凝土基础上，钢筋混凝土基础埋于泥土基础上，具有很大的强韧度。这种风力发电机组的传动链主轴系与地面基本平行，故称为水平轴风力发电机，是目前风力发电机组的主要结构形式。

1. 总体描述

如图4-2所示为机舱主要部件的布置图。风力机的机座是机舱所有设备的安装基础，风力发电机90％以上的部件都安装在机座上，并通过偏航轴承与塔架连接；机座由焊接件与铸铁件组成，具有刚度

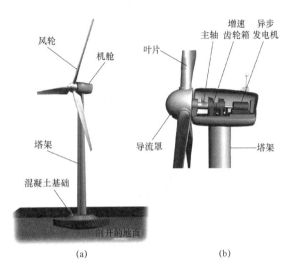

图4-1　风力发电机组的结构与组成　动画05

高、连接紧固的特点。其主要功能是充当风机系统的基础，并将荷载从机舱通过偏航轴承传递到塔架。

机座前部有主轴承，是风力机主轴的轴承，主轴前端部分通向叶轮轮毂的连接法兰，通过法兰与轮毂连接。主轴后端连接齿轮箱低速轴，齿轮箱高速轴输出端经联轴器连接发电机，在齿轮箱高速输出轴与联轴器上装有制动盘，通过制动器可以对风力机制动（刹车）。在机舱底座底板下部安装有偏航驱动器。如图4-3所示为某型号2MW风力发电机的机舱布置图。

2. 风力发电机组的主轴与布置

风力发电机组的主轴支承了风轮传递过

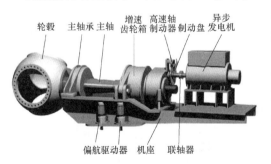

图4-2　机舱主要部件布置图

来的各种负载力，并将扭矩传递给增速齿轮箱，是风力发电机组中重要的部件。外形主要有圆柱形与圆锥形两种，如图4-4所示。

主轴一端有主轴法兰，用来连接风轮轮毂，主轴另一端连接齿轮箱，实现风轮带动齿轮箱同步旋转，由于风轮是低转速运行，主轴也称为低速轴。在主轴中心配有轴向管道，变桨控制电缆、液压软管（液压变桨系统）从轴向管道穿过，实现机舱对轮毂中的变桨装置的

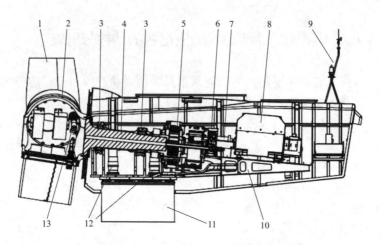

图 4-3　2MW 风力发电机机舱主要部件布置图

1—叶片；2—轮毂；3—主轴轴承座；4—主轴；5—增速齿轮箱；6—高速轴制动器；7—联轴器；
8—异步发电机；9—测风装置；10—底板；11—塔架；12—偏航驱动；13—变桨驱动

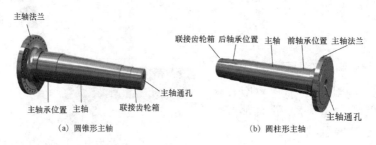

(a) 圆锥形主轴　　　　　　　　　　(b) 圆柱形主轴

图 4-4　风力机的主轴

控制。

　　一般机组的主轴布置有三种形式（见图 4-5）。如图 4-5（a）中所示主轴由两个轴承支承，一般称为两点式支承，称为挑臂梁结构。如图 4-5（b）中所示主轴使用一个轴承支承，后轴承置于齿轮箱内，为悬臂梁结构。由于齿轮箱有前后两点支承，也称为三点悬吊支承。

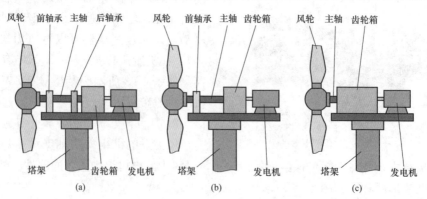

(a)　　　　　　　　　　(b)　　　　　　　　　　(c)

图 4-5　风力发电机组的主轴布置形式

　　如图 4-2 中所示主轴后端直接接齿轮箱，为悬臂梁结构。如图 4-3 中所示主轴由两轴承支撑，为挑臂梁结构。如图 4 - 4 中所示圆柱形主轴属两点式支承主轴，圆锥形主轴属三点悬吊支承主轴。直驱式风力发电机组主轴布置不属于这三种方式，如图 4 - 5（c）所示。

主轴轴承主要承受重量引起的径向力与风力产生的轴向力，同时由于风力的变化和风的湍流，主轴会产生弯曲、摆动。所以要求主轴弯曲倾斜时也能正常转动，也就是说轴承必须有好的调心性能。使用球面滚子轴承作为主轴轴承有好的调心性能，如图 4 - 6 所示。

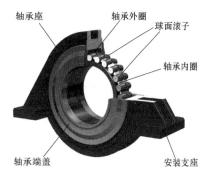

图 4 - 6　风力机主轴轴承结构示意

3. 风轮

风轮是风力机最重要的部件，一般由一个、两个或两个以上的几何形状一样的叶片和一个轮毂及导流罩组成，其功能是将风能转换为机械能。各种形式的风力机的风轮不相同，这里仅介绍使用最广的三叶片风轮。如图 4 - 7 所示为一个三叶片风轮，3 个叶片的叶根安装在球形轮毂的变桨轴承上。

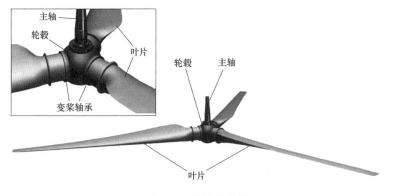

图 4 - 7　风轮的结构

风力发电机组的空气动力特性取决于风轮的几何形式，风轮的几何形式取决于叶片数和叶片的弦长、扭角、相对厚度分布以及叶片所用翼型空气动力特性等，这些在第三章已有介绍。

风轮的设计是一个多学科的问题，它涉及空气动力学、机械学、气象学、结构动力学、控制技术、风载荷特性、材料疲劳特性、试验测试技术等多方面的知识。

风轮的功率大小取决于风轮直径，对于风力发电机组来说，追求的目标是最经济的发电成本。风轮是风力发电机组最关键的部件，风轮的费用约占风力发电机组总造价的 20%，且至少应该具有 20 年的设计寿命。除了空气动力设计外，还应确定叶片数、叶片结构和轮毂形式。

（1）叶片。风力机叶片像飞机的机翼，其截面与机翼的翼型类似，在第三章已经介绍了风力机叶片工作原理。机翼主要由叶片与叶根组成，叶根部有法兰、安装螺栓，用来安装到轮毂上，如图 4 - 8（a）所示。

应识别叶片中的下述区域：叶根为叶片与风力涡轮机叶轮连接的基部；叶尖为与叶根相对的一端；前缘为最圆的地方；后缘为最锋利的地方。

如图 4 - 8（c）所示，从叶片尖部到根部，选取 6 个截面，叶片靠根部又宽又厚，靠叶尖处窄而薄。叶片各段截面的翼型弦线角度也不同，图 4 - 8（b）显示了从叶尖到靠根部的叶片各段截面与扭角示意。

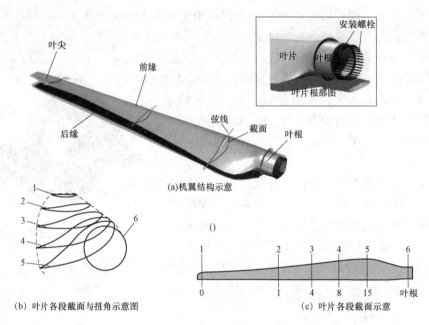

(a)机翼结构示意

(b) 叶片各段截面与扭角示意图

(c) 叶片各段截面示意

图 4-8 叶片结构

叶片越长，扫风面积越大，风力机输出功率越大。例如金风 3.0MW 风力发电机组的叶轮直径达 140m，扫风面积达 15 000m²。

除小型风力机的叶片部分采用木质材料外，中、大型风力机的叶片都采用玻璃纤维或高强度复合材料制成。

每个叶片都安装有防雷电系统。防雷系统能传导叶尖（接闪器）至叶根的雷击电流，雷击电流通过轮毂、机舱、塔架进入大地。而且，叶片配备了必要的排水管，以避免水保留在叶片内。水主要是由于冷凝或机组停机产生的，一旦发生雷击，水蒸气可能会产生不平衡或结构损坏。在严寒地区的叶片可装备除冰装置。

由于风轮的噪声与叶尖速度直接相关，大型风力发电机组应尽量降低风轮转速；因为当叶尖线速度达到 70～80m/s 时，会产生很高的噪声，所以风轮转速不能太高，例如直径 140m 的法兰转速不宜超过 11r/min。在风轮转速确定的情况下，我们可以改变叶片空气动力外形来降低噪声，如改变叶尖形状，降低叶尖载荷等。

（2）轮毂。风力机叶片都要装在轮毂上。轮毂是风轮的枢纽，也是叶片根部与主轴的连接件。轮毂的主要作用是将叶片所有负载传递到主轴上。同时轮毂内部安装了变桨控制系统用于控制叶片桨距角的功能。轮毂的作用是连接叶片和主轴，要求能承受大的、复杂的载荷。

轮毂是连接叶片与主轴的重要部件，它承受了风力作用在叶片上推力、扭矩、弯矩及陀螺力矩。通常轮毂的形状为球形或三通形，如图 4-9 和图 4-10 所示。

轮毂可以是铸造结构，也可以采用焊接结构，其材料可以是铸钢也可以采用高强度球墨铸铁。

（3）导流罩与机舱。导流罩（也称整流罩、轮毂罩）的主要作用是保护轮毂、叶片轴承和叶轮内部元件不受外部工况自然环境的影响，减小机舱的迎风阻力。如图 4-11 所示为某风力机导流罩结构图。该导流罩由前端舱体与侧面舱体组成，导流罩通过支架与轮毂连接为

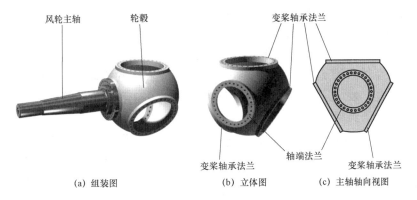

(a) 组装图　　　(b) 立体图　　　(c) 主轴轴向视图

图 4 - 9　球形轮毂的结构

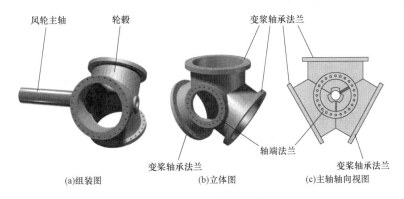

(a)组装图　　　(b)立体图　　　(c)主轴轴向视图

图 4 - 10　三通形轮毂的结构

一体，在侧面舱体有桨叶孔，叶片根穿过该孔安装在轮毂的变桨轴承上。导流罩多由玻璃纤维与聚酯树脂制成。

机舱是对机座及支架上安装的所有设备进行防护的装置，使这些设备免受雨雪、风沙、冰雹等恶劣天气的侵害。机舱与机舱部件组装后构成一个封闭的壳体，在机舱后部上方安装测风装置。在机舱后部下方有可开启的孔，用来起吊维修的部件。

机舱外观呈流线型，减小对风的阻力。机舱也要轻巧、美观。

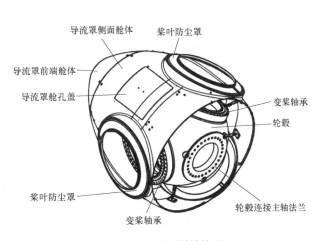

图 4 - 11　导流罩结构图

4. 齿轮箱

风轮的转速很低，远达不到发电机发电的要求，必须通过齿轮箱齿增速作用来实现，故也将齿轮箱称为增速齿轮箱。齿轮箱输入端接风轮主轴，称低速轴端，齿轮箱输出端接发电机轴，称高速轴端。

　　风力发电机组齿轮箱的种类很多，按照传统类型可分为圆柱齿轮箱、行星齿轮箱以及它们互相组合起来的齿轮箱；按照传动的级数可分为单级齿轮箱和多级齿轮箱；按照转动的布置形式又可分为展开式、分流式、同轴式以及混合式等。

　　根据机组的总体布置要求，有时将与风轮轮毂直接相连的传动轴（俗称主轴）和齿轮箱的输入轴合为一体，轴端形式是法兰盘连接结构。也有将主轴与齿轮箱分别布置，其间利用胀紧套装置或联轴节连接的结构。

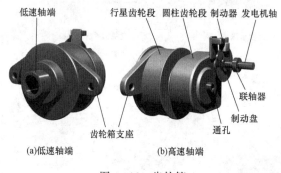

低速轴端　行星齿轮段　圆柱齿轮段　制动器　发电机轴
联轴器
制动盘
齿轮箱支座　通孔
(a)低速轴端　　(b)高速轴端

图 4-12　齿轮箱

　　在齿轮箱后部的高速轴端安装有刹车盘，其连接方式是采用胀紧式联轴器；液压制动器通过螺栓紧固在齿轮箱体上；齿轮箱高速轴端通过柔性连接与发电机轴连接。如图 4-12 所示为由行星齿轮传动与圆柱齿轮传动结合的齿轮箱的外观图。

　　齿轮箱的负荷及压力通过齿轮箱两侧的支座与支撑传到底板。在支撑件中有强力橡胶衬垫，可以降低风电机组的噪声和震动。

　　不同形式的风力发电机组有不一样的要求，齿轮箱的布置形式以及结构也因此而异。这里介绍以水平轴风力发电机组用固定平行轴齿轮传动和行星齿轮传动为代表的齿轮，见表 4-1。

表 4-1　　　　　　　　常用风力发电机组齿轮箱的形式和应用

传动形式		传动简图	推荐传动比	特点及应用
两级圆柱齿轮传动	展开式		$i=i_1:i_2$ $i=8\sim60$	结构简单，但齿轮相对于轴承的位置不对称，因此要求轴有较大的刚度。高速级齿轮布置在远离转矩输入端，这样，轴在转矩作用下产生的扭矩变形可部分地互相抵消，以减缓沿齿宽载荷分布不均匀的现象。用于载荷比较平稳的场合。高速级一般做成斜齿，低速级可做成直齿
	分流式		$i=i_1:i_2$ $i=8\sim60$	结构复杂，但由于齿轮相对于轴承对称布置，与展开式相比载荷沿齿宽分布均匀、轴承受载较均匀。中间轴卫星截面上的转矩只相当于轴所传递转矩的一半。适用于变载荷的场合。高速级一般用斜齿，低速级可用直齿或人字齿
	同轴式		$i=i_1:i_2$ $i=8\sim60$	增速器横向尺寸较小，两对齿轮浸入油中深度大致相同，但轴向尺寸和质量较大，且中间轴较长、刚度差，使沿齿宽载荷分布不均匀，高速轴的承载能力难以充分利用两级圆柱齿轮传动同轴
	同轴分流式		$i=i_1:i_2$ $i=8\sim60$	每对啮合齿轮仅传递全部载荷的一半，输入轴和输出轴只承受扭矩，中间轴只受全部载荷的一半，故与传递同样功率的其他减速器相比，轴颈尺寸可以缩小

传动形式		传动简图	推荐传动比	特点及应用
行星齿轮传动	单级 NGW	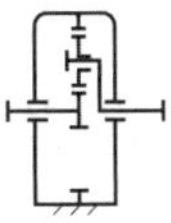	$i=2.8\sim12.5$	与普通圆柱齿轮减速器相比，尺寸小，质量轻，但制造精度要求较高，结构较复杂，在要求结构紧凑的动力传动中应用广泛
	两级 NGW	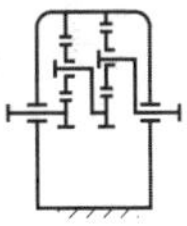	$i=14\sim160$	同单级 NGW 型
一级行星两级圆柱齿轮传动	混合式	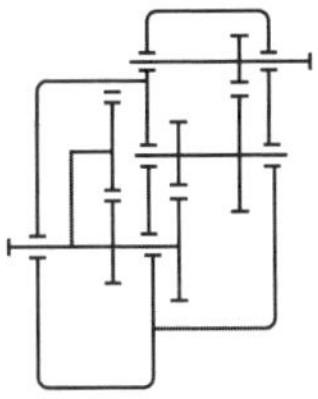	$i=20\sim80$	低速轴为行星传动，使功率分流，同时合理应用了内啮合。末二级为平行轴圆柱齿轮传动，可合理分配减速比，提高传动效率

由于机组安装在高山、荒野、海滩、海岛等风口处，受无规律的变向变载荷的风力作用以及强阵风的冲击，常年经受酷暑、严寒和极端温差的影响，加之所处自然环境交通不便，齿轮箱安装在塔顶的狭小空间内，一旦出现故障，修复非常困难，故对其可靠性和使用寿命都提出了比一般机械高得多的要求。

齿轮箱的润滑非常重要，必须有专门的润滑系统，主要由油泵、油罐、过滤器、控制阀、安全阀等组成。在油回路还有冷却器，以降低油温（降低齿轮的温度），在严寒地区的风力机还要对油加热，防止润滑油冻结。

5. 发电机系统

风力发电机根据工作原理的不同可分为异步发电机和同步发电机两大类。典型的风力发电机系统有：鼠笼式异步风力发电机系统、双馈异步风力发电机系统、电励磁直驱同步风力发电机；直驱永磁同步风力发电机系统；横向磁通永磁同步风力发电机系统等。

各种类型的风力发电机结构也不相同。但就发电机系统而言，发电机系统组成主要包括发电机、发电机冷却装置、变流器等。

双馈异步风力发电机在大中型风力发电机组中应用广泛，是当前主流机型之一，这里仅简单介绍双馈异步风力发电机结构，具体介绍见第六章。

（1）发电机。

双馈异步风力发电机（简称双馈发电机）的结构和组成与绕线转子感应电动机相同。

定子绕组是三相交流绕组，一般采用 4 极或 6 极。转子采用绕线转子，同样是三相交流绕组，极数与定子相同。如图 4 - 13 所示为双馈发电机结构图。如图 4 - 14 所示为带冷却装置的双馈发电机外观图。如图 4 - 15 所示为某型号双馈发电机机械图。

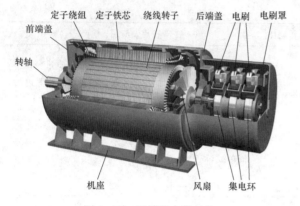

图 4 - 13　双馈发电机结构

图 4 - 14　双馈发电机外观

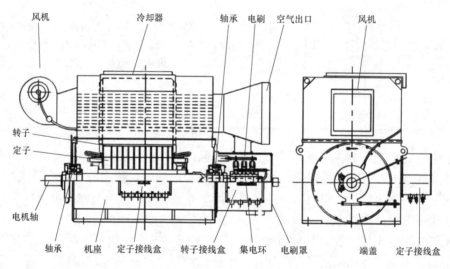

图 4 - 15　双馈发电机机械图

　　双馈风力发电机通过联轴器与齿轮箱高速轴连接。

　　（2）变流器。变流器通过电力电子器件实现直流到交流的转换，交流到不同频率的交流转换。在双馈感应发电机系统中，通过专用变流器（也称为变频器）实现变速恒频发电，具有变流器的容量小、成本低等特点，是目前应用广泛的技术。

　　双馈变流器的主要功能如下：

　　修正和转换电网工频转子的励磁波，以便使在转子输出口的频率稳定保持为电网工频。

　　对于特定的转子速度，把从转子输出的波转换为工频波，并使其能够连接至从定子输出的波。

　　直驱型风力发电机组发出的电的频率与电压随风力的大小发生变化，需采用专用变流器把发电机发出的交流电转变为与电网相同的频率与电压，方便并网。

　　（3）发电机冷却装置。发电机冷却装置主要用于在风力发电机运转过程中进行冷却。有水循环冷却装置或空冷装置。水循环冷却装置由电机、水泵、水箱等组成。

　　6. 塔架

　　叶轮要在一定的高度上才能获得较大较稳定的风力，在空中的风轮与机舱要靠塔架支撑，塔架的高度为叶轮直径的 1～1.5 倍，小型微型风力机的塔架相对风轮会更高些。塔架需要高强度，但也要考虑造价，微型风力机是铁管加拉线的拉索式塔架，中小型风力机有采用桁架式也有采用钢筒式的，大型风力机多采用钢筒式，如图 4 - 16 所示。

塔架内敷设有发电机的动力电缆、控制信号电缆、平台、爬梯、安全绳、摆式减震器、照明装置、升级机等部件。圆筒塔架底部有塔门，塔架内分若干层，层间有直梯便于人员上下。

塔架要支撑在空中的机舱与风轮的重量，要抵御风力对风轮的推力、扭力等，要求塔架有足够的强度，管筒形的塔架通常是底部直径大的圆锥形。

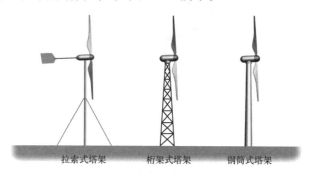

图 4 - 16　塔架的形式

现在大型风力机的钢筒式塔架由钢板卷成，焊成圆筒，为了运输安装方便，塔架分为若干段圆筒，在每段圆筒两端焊有连接法兰，用来连接塔筒。在圆筒内壁有扶梯，用于工作人员上下。

由于钢筒塔架运输困难，可在现场采用混凝土制作塔架，但混凝土强度较差。

7. 液压系统

风力机机舱安装的液压系统主要为液压执行机构提供动力。液压执行机构主要有偏航制动装置、齿轮箱高速轴刹车装置、变桨控制装置等。

液压系统的动力是液压泵，风力机常用的泵有齿轮泵、叶片泵、柱塞泵 3 种。液压泵由电动机驱动，液压泵从液压油箱抽取液压油，加压后通过管线送到执行机构。液压油到执行机构的控制由风力机控制系统进行，液压管线网分布着各种控制阀门，控制液压油的走向与压力。

第二节　水平轴风力发电机的偏航与变桨系统

偏航是水平轴风力机对风的功能，是必须有的功能，变桨是大中型风力机控制输出的功能。

1. 偏航系统

大中型风力机采用专门的偏航装置对风，属于主动偏航。偏航装置安装在机舱底部。偏航系统一般由偏航轴承、偏航驱动装置、偏航制动器、偏航计数器、扭缆保护装置、测风装置、偏航控制等几个部分组成。

风力发电机组的偏航系统一般有外齿形式和内齿形式两种。偏航驱动装置可以采用电动机驱动或液压马达驱动。

（1）偏航轴承。机舱通过偏航轴承连接塔架，机舱可以在塔架上旋转。为了推动机舱转动，偏航轴承上带有齿轮，一般分为外齿轮轴承［见图 4 - 17（a）］与内齿轮轴承［见图 4 - 17（b）］两种。

如图 4 - 18（a）所示为偏航采用外齿轮轴承，轴承外圈用螺栓连接塔架，机舱底板用螺栓安装在轴承内圈，偏航驱动器安装在机舱底板上，偏航驱动器小齿轮与偏航轴承外齿轮啮合。如图 4 - 18（b）所示为偏航采用内齿轮轴承，轴承内圈用螺栓连接塔架，机舱底板用螺栓安装

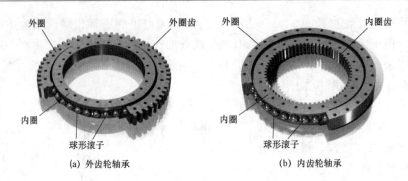

图 4-17　外齿轮轴承与内齿轮轴承

在轴承外圈，偏航驱动器安装在机舱底板上，偏航驱动器小齿轮与偏航轴承内齿轮啮合。

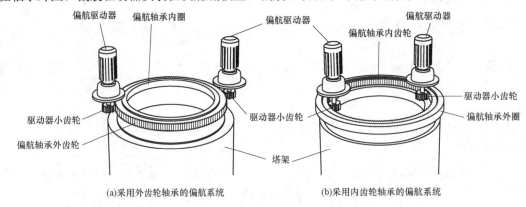

(a)采用外齿轮轴承的偏航系统　　　　(b)采用内齿轮轴承的偏航系统

图 4-18　偏航系统结构简图

　　如图 4-19 所示为在塔架上安装了机舱底板（剖开图）的实际状态，采用外齿轮偏航轴承，图中显示了驱动装置的小齿轮与偏航轴承的啮合状态，当驱动装置齿轮旋转时就推动机舱底板转动。图中所示仅有 2 个驱动装置，大型风力机有多个驱动装置。

　　（2）偏航驱动装置。偏航驱动装置一般由驱动电机、减速器、传动齿轮等组成。驱动装置的减速器一般可采用行星齿轮减速器或蜗轮蜗杆与行星减速器串联；传动齿轮一般采用渐开线圆柱齿轮。传动齿轮的齿面和齿根应采取淬火处理，偏航驱动装置要求启动平稳，转速均匀无振动现象。如图 4-20 所示为两种形式的驱动装置图。

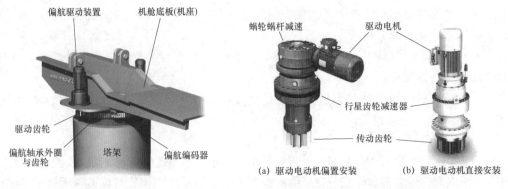

(a) 驱动电动机偏置安装　　　(b) 驱动电动机直接安装

图 4-19　偏航系统结构　　　　　　　图 4-20　偏航驱动装置

（3）偏航制动装置。偏航制动装置由偏航制动盘与偏航制动器组成，制动盘与偏航齿轮固定在一起，一同安装在塔架上。偏航制动器一般采用液压拖动的钳式制动器，如图 4-21 所示。当上液压口油压增加时，上活塞推动上摩擦片向下移动。同样，下摩擦片向上移动，两个活塞片夹紧制动盘，实现制动。

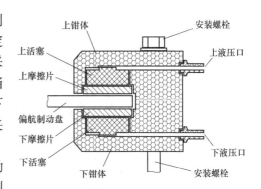

图 4-21　偏航制动器结构示意

由于偏航制动盘是固定在塔架上，偏航制动器是固定在机舱底板上，当制动器摩擦板夹紧制动盘时，机舱不能转动。

如图 4-22 所示为外齿轮轴承偏航系统结构示意，轴承外圈（偏航齿轮）与偏航制动盘固定在塔架法兰上。机舱底板固定在偏航轴承内圈，偏航驱动电机、偏航制动器、偏航计数器安装在机舱底板上。图中仅显示了 3 个偏航制动器，风力机实际有多个制动器分组排列安装。

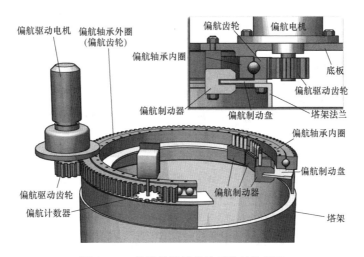

图 4-22　外齿轮轴承偏航系统结构示意

如图 4-23 所示为从下侧方看到的某风力发电机的偏航系统。该系统采用外齿型偏航轴承。大型风力机的风轮质量大、惯量大，旋转时的转动惯量也很大，所以有 4 个偏航驱动器和分布在偏航制动盘内圆周 14 个偏航制动器。

（4）偏航计数器。偏航计数器是记录偏航系统旋转圈数的装置，当偏航系统旋转的圈数达到设计所规定的初级解缆和终极解缆圈数时，偏航计数器则给控制系统发信号使机组自动进行解缆。偏航计数器一般采用一个小齿轮啮合偏航齿轮（见图 4-24），编码器把齿轮转角转换成数据信号，偏航时小齿轮转动，将转动信号传入控制计算机。

（5）扭缆保护装置。扭缆保护装置是偏航系统必须具有的装置，它的作用是在偏航系统的偏航转动过度时，电缆的扭缆达到威胁机组安全运行的程度而触发该装置，使机组进行紧急停机，并迅速进入解缆动作。

风力机控制计算机根据偏航计数器的信号，监视机舱的偏航转角，发现转动过度会停机进入解缆动作。

图 4-23　偏航驱动器与制动器布置

1—偏航驱动器；2—驱动器齿轮；3—偏航轴承齿轮；4—偏航制动盘；5—制动器；6—机舱底板；7—塔架

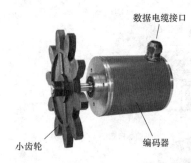

数据电缆接口

小齿轮

编码器

图 4-24　偏航计数器

在电缆束上加装凸轮，当凸轮转动过度时会触动开关发出信号，启动停机进入解缆动作。

（6）测风装置。风力发电机要实现对风，必须测量风向，风力发电机要通过变桨来获得最大的风功率，必须测量风速。在风力机机舱顶上有测量风向与测量风速的传感器，目前较常用的传感器有风向标、三杯式风速仪和超声波风速风向仪。风向标和三杯式风速仪在第二章第三节中已有介绍。

超声波风速风向仪如图 4-25 所示，有 4 个超声波探头，朝向 4 个方向，声波在移动的空气中，在不同的方向传播速度不同。每个探头既可发送超声波也能接受超声波，相对的两个探头是一组。通过对两探头间波速的测量得到该方向的风速，通过两个垂直方向的风速就可得到具体的风向与风速。

除了上面介绍的常用测风方式，近些年激光测风雷达技术开始在风力发电机组安装应用。

大型风力机通常安装有多套多种测风、测速装置，以确保风向与风速的可靠性。风力机控制计算机根据风向信号控制机舱的偏航，根据风速信号控制变桨，使风力发电机工作在最佳状态。

（7）偏航控制。偏航系统要求简单而坚固，机舱的偏航是根据机舱上的风向仪提供的风向信号，由控制系统控制，通过偏航传动机构，实现风电机组叶轮与风向保持一致，最大效率地吸收风能。

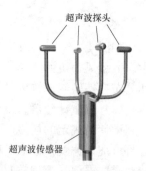

超声波探头

超声波传感器

图 4-25　超声波风速风向仪

偏航的过程是由偏航驱动装置与偏航制动装置同时进行的，主要有 3 种工作状态。

阻尼偏航：风机偏航对风时，驱动装置启动偏航，为了保证机舱在偏航过程中的平稳可控，偏航制动器要提供合适的阻尼力，并不是放开的。

全压制动：风机正常工作时，需要保持机舱位置不动，偏航制动器按额定工作压力对制动盘进行夹紧刹车。

零压解缆：只有在需要解缆时制动器才完全打开，驱动装置根据命令快速解缆。

因为大风力机叶片旋转的惯量力矩较大，偏航对风时偏航转速一般不超过 $1°/s$。

2. 变桨系统

风是不稳定的，不但会影响发电机的输出，在强风时还会烧毁发电机，甚至摧毁风力机。所以风力机要有应付风速大幅度变化的能力，还要有对付强风速（超过切出风速）的安全防范措施。

在第三章介绍了变桨控制的原理，改变风力机叶片的桨距角可以改变叶片受风力的大小，从而改变风轮的输出功率。在强风时使叶片转向顺风状态，使风力机免受强风的冲击。

变桨调节风轮转速是大中型风力机广泛使用的调速技术，可使风力机在风速变化幅度较大时转速稳定在一定范围内，使风力发电机有最大的输出功率。

在较大的风力发电机中采用独立变桨系统或统一变桨机构。独立变桨系统中风轮的三个叶片由三个独立的变桨驱动器驱动；统一变桨机构中风轮的三个叶片由统一的变桨驱动器驱动，三个叶片的转角变化是同步的。目前广泛应用的是独立变桨系统，具体介绍如下。

叶片安装在轮毂上，叶片与轮毂间有变桨轴承，如图 4-26 所示为变桨轴承的结构图，与偏航轴承类似，有外齿轮轴承、内齿轮轴承和无齿轮轴承（图中没显示）。目前大型风力机的变桨轴承多为双列滚子

内齿双列深沟球轴承　　　　外齿双列深沟球轴承

图 4-26　风力机变桨轴承结构图

轴承。双列滚子轴承对轴向力、径向力、倾覆力矩都有很好的承载能力。

（1）液压独立变桨系统。

如图 4-27 中所示三通形轮毂是剖开的，展示了一个叶片的变桨装置。变桨轴承的外圈与轮毂法兰固定安装，叶片的根部安装在变桨轴承的内圈，叶片通过变桨轴承可自由转动。在变桨轴承的内圈固定着变桨环，在变桨环上有变桨摇柄，推动变桨摇柄即可使叶片改变桨距角。

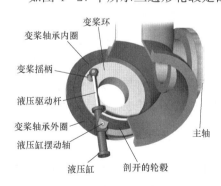

图 4-27　液压独立变桨装置

液压执行机构主要由液压缸、活塞、活塞杆（驱动杆）组成，液压缸安装在轮毂上，活塞杆输出端通过轴承与变桨摇柄连接，由于变桨摇柄是圆弧运动，液压缸也会随之摆动，所以液压缸是通过一根摆动轴安装在轮毂上的。当活塞杆运动时直接推动变桨摇柄实现变桨。

在变桨轴承内圈安装一个叶片，我们用一小段叶片代替整个叶片可清楚看清叶片的转动，如图 4-28（a）所示液压驱动杆全部伸出，叶片为正常工作状态；如图 4-28（b）所示液压驱动杆全部缩进液压缸，叶片为顺桨状态。

以上介绍的是一个叶片的变桨，另两个叶片变桨的安装与工作原理相同，三个叶片可同

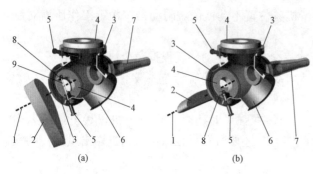

图 4-28　液压变桨的工作状态

1—叶片轴线；2—叶片；3—变桨轴承外圈；

4—变桨轴承内圈；5—液压执行机构；

6—轮毂；7—主轴；8—变桨臂；9—液压驱动杆

步改变桨距角，也可根据需要独立改变桨距角。

叶片的桨距角可通过编码器检测，也可通过液压杆的行程来检测。

（2）电动独立变桨系统。　动画29.30

如图 4-29（a）所示为安装有变桨轴承与变桨驱动器的轮毂，为观看清楚，变桨轴承与轮毂是剖开的。变桨轴承的外圈安装在轮毂上，变桨轴承的内圈集成了内齿轮（变桨齿轮），叶片的根部安装在变桨轴承的内圈上。

在轮毂内安装有 3 台变桨驱动器（电动机驱动），变桨驱动电机与偏航驱动电机结构相似，有减速齿轮箱和制动装置，齿轮箱输出轴安装变桨驱动齿轮。驱动器轴上的小齿轮和变桨齿轮啮合。当电动机转动时推动变桨齿轮转动，即可改变桨距角。如图 4-29（b）所示为安装了叶片的轮毂。

在轮毂中还安装有 3 套变桨电动机的驱动电源盒，驱动电源根据控制计算机的命令控制电机的转速与转动方向，三个叶片可同步改变桨距角，也可根据需要独立改变桨距角。

电动独立变桨距是目前使用较广泛的变桨方式。上面介绍的是采用内齿轮轴承的变桨系统，也有采用外齿轮轴承的变桨系统。

（3）齿形带传动变桨。

齿形带传动变桨广泛应用在金风科技的风力发电机组各系列产品中。

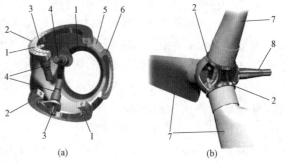

图 4-29　电动变桨距装置

1—变桨轴承内圈；2—变桨轴承外圈；3—驱动齿轮；

4—变桨驱动器；5—轮毂；

6—连接主轴法兰；7—叶片；8—主轴

图 4-30 是齿形带传动变桨的原理图，变桨轴承内圈固定在轮毂上，风力机叶片安装在变桨轴承外圈。齿形带是带齿的传动皮带，齿形带绕过变桨驱动齿轮与张紧轮，两端用齿形带压板固定在变桨轴承外圈的外表面。齿形带绕在变桨轴承外圈的外表面，当变桨驱动齿轮转动时就带动变桨轴承外圈转动。叶片正常工作时的转角如图 4-30（a）所示，叶片顺桨的转角如图 4-30（b）所示。

图 4-31 是齿形带传动变桨驱动器的结构图，齿形带传动变桨系统安装在三通形轮毂上，在轮毂上安装有叶片的变桨轴承，轴承内圈用螺栓固定在轮毂上，轴承外圈安装风力机叶片。变桨驱动器的支架安装在轮毂上，在变桨轴承旁。在驱动器支架上安装有变桨驱动齿轮、张紧轮、变桨驱动电机 [见图 4-31（a）]。

变桨驱动电机与偏航驱动电机结构相同，有减速齿轮箱和制动装置，电机输出轴安装变桨驱动齿轮。两个张紧轮使齿形带绕绕驱动齿轮 [见图 4-31（b）]。齿形带绕过驱动齿轮，穿过张紧轮，齿轮与齿形带的齿紧密啮合，用齿形带压板把齿形带两端固定在变桨轴承外圈的外表面。

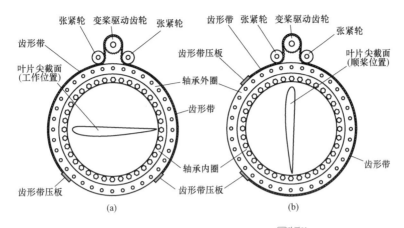

图 4 - 30　齿形带传动变桨原理图　[动画31]

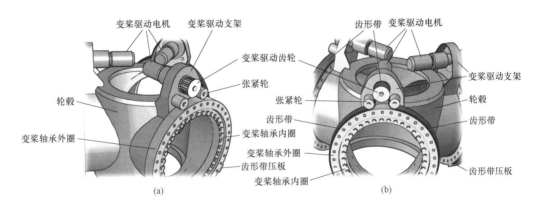

图 4 - 31　齿形带传动变桨驱动器结构图

　　如图 4 - 32 所示为齿形带传动变桨的整个轮毂图。在实际的设备中，齿形带端部的带压板有张紧装置，保持齿形带有合适的张紧度。在变桨驱动器支架上还有保护变桨驱动齿轮与张紧轮的机罩。

　　齿形带传动变桨主要有 3 种结构，如图 4 - 33（a）所示为有两个张紧轮的结构形式，在前面已做介绍；如图 4 - 33（b）所示为只有一个张紧轮的结构形式；如图 4 - 33（c）所示为在变桨轴承外圈增加一圈变桨盘，当变桨轴承直径较小时，变桨盘增大了变桨力臂，使变桨驱动轻松平稳。

　　齿形带传动变桨主要优点是均匀、稳，更换维修方便，不像齿轮经常要更换润滑剂。

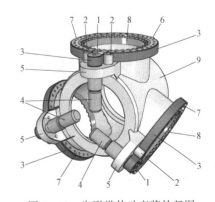

图 4 - 32　齿形带传动变桨轮毂图
1—变桨驱动齿轮；2—张紧轮；3—齿形带；
4—变桨驱动电机；5—变桨驱动支架；6—齿形带压板；
7—变桨轴承外圈；8—变桨轴承内圈；9—轮毂

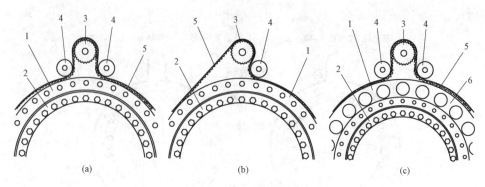

图 4 - 33　齿形带传动变桨的 3 种结构

1—变桨轴承外圈；2—变桨轴承内圈；3—变桨驱动齿轮；4—张紧轮；5—齿形带；6—变桨盘

第三节　直驱永磁同步风力发电机的结构与组成

我国电网的频率是交流 50Hz，从交流发电机知识知道二极三相交流发电机转速为 3000r/min，四极三相交流发电机转速约 1500r/min，而风力机转速较低，小型风力机转速每分钟最多几百转，大中型风力机转速每分钟几十转甚至十几转，而较多的风力发电机为四极（2 对磁极）或六极（3 对磁极），必须通过齿轮箱增速才能带动发电机以额定转速旋转，齿轮箱传动比为数十倍。例如风力机转速是 20r/min，采用 6 极磁极发电机，其齿轮箱增速比为 50 倍。

齿轮箱增速存在以下问题：高传动比的齿轮传动会带来机械能损失，降低风力机效率；齿轮箱是精密机械设备，造价高；齿轮箱是易损件，特别是大功率高速齿轮箱磨损较厉害；在风力机塔顶环境下维护保养都较困难。

不用齿轮箱传动，用风力机桨叶直接带动发电机旋转发电是可行的，这必须采用专用的低转速发电机，称之为直驱式风力发电机。目前直驱式风力发电机技术已从小型风力发电机到大型风力发电机得到广泛应用。要实现直驱就要采用多极发电机，近些年高磁能永磁体技术发展很快，特别是稀土永磁材料钕、铁、硼在发电机中得到广泛应用。采用永磁体技术的多极发电机结构简单、省去了维护率和故障率都高的滑环和电刷等装置，没有绕线磁极，电机结构更加简单可靠，但没有励磁电源发电效率高。

1. 内转子直驱永磁风力发电机组

下面通过一个 6 极永磁发电机原理模型了解一下多极发电机的基本结构。如图 4 - 34（a）所示为一个永磁电机转子的模型，在转子磁轭圆周上贴了 6 个永磁体形成 6 个凸出的磁极，在图上标有各磁极表面的磁性与磁力线走向。

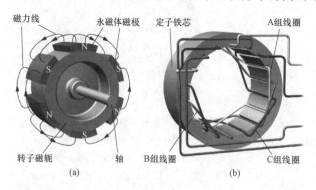

图 4 - 34　永磁发电机转子模型图

如图 4 - 34（b）所示为 6 极永磁发电机模型的定子，在定子铁芯内圈周围有 18 个嵌线槽。在 120°机械角度里有 6 个槽，均匀分布 A、B、C 相 3 个线圈；另外两个 120°里同样各自分布 3 线圈，3 个 A 相线圈串联起来即为整机的 A 相绕组，3 个 B 相线圈串联起来即为整机的 B 相绕组，3 个 C 相线圈串联起来即为整机的 C 相绕组，按星形接法将 3 个绕组尾端连在一起引出即中性线，3 个绕组的引出端为相线。

把转子插在定子内周中，与定子有很小间隙，可自由旋转，如图 4 - 35（a）所示。如图 4 - 35（b）所示为一个多极发电机的转子与定子磁通走向图，转子与定子的磁通方向与电机轴轴向垂直，称为径向磁通。这种产生磁通的转子在内，定子铁芯与绕组在外围的结构称为内转子永磁发电机，是普通发电机广泛采用的结构。转子旋转产生旋转磁场，切割定子线圈，产生电动势。

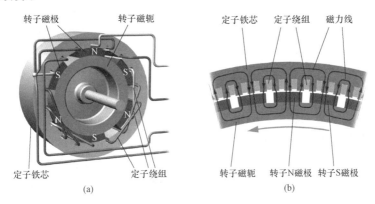

图 4 - 35　永磁发电机定子模型图

6 极转子旋转 120°磁场变化 1 个周期。当转子匀速旋转时，A、B、C 相线圈顺序切割磁力线，都会感生交流电动势，由于三个线圈均匀分布，它们感应电势幅度与频率不变。三个线圈的相位相差 120°电角度（每周期为 360°电角度）。

旋转一周时磁场将循环 3 个周期，感生出 3 个周期的三相交流电动势，当转子转速为 1000r/min 时，所感生交流电动势的频率为 50Hz。许多风力发电机采用 6 极结构，用齿轮箱把转速增至 1000r/min。

直驱式风力发电机有很多对磁极，才能满足低转速时高效地发出电来，下面介绍风力发电用的直驱式发电机。

直驱式风力发电机与普通发电机有较大区别，结构也较复杂，除了低转速，还要求启动阻力矩小，体积与质量也要尽可能小，不能像水轮发电机那么笨重。直驱式风力发电机主要有内转子、外转子结构，属于径向磁通电机；还有轴向磁通电机，多为盘式结构。径向磁通电机技术成熟，造价低、安装方便，是直驱式风力发电机的优选方案。

直驱式风力发电机组的主轴结构与齿轮箱增速的风力发电机不同，分为双轴承结构与单轴承结构，如图 4 - 36 所示。

双轴承结构有前后两个轴承，可以很好地承受较大的轴向负荷与径向负荷，对倾覆力矩有很好的承受能力，但轴伸进了轮毂，占据了轮毂内的空间，安装也比较麻烦。

若只有一个轴承，对倾覆力矩的承受能力较差，解决办法是采用大直径轴承，才能承受较大的倾覆力矩，目前单轴承结构使用的轴承直径已超过 3m。由于单轴承结构的抗倾覆力矩能力终究不如双轴承结构，且大直径轴承造价很高，安装也比较麻烦，限制了其在特大型

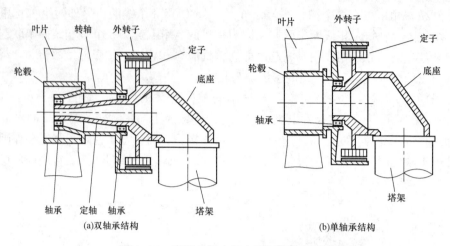

图 4-36 直驱式风力发电机组的主轴结构

风力发电机组中的应用。

下面通过一个单轴承内转子直驱永磁风力发电机模型介绍其基本结构与组成。电机为内转子径向磁通，是典型电机结构，定子铁芯与绕组在外，方便散热。

为了清楚显示结构细节，与实际发电机相比，模型的转子磁极数比实际电机要少，磁轭较厚，定子槽数相应减少，定子铁芯较厚，主要部件夸大，次要部件省略。

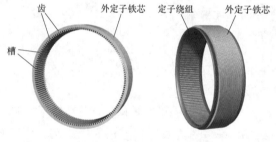

图 4-37 直驱式风力发电机的定子铁芯与绕组

定子是静止的，定子铁芯由导磁良好的硅钢片叠成，在定子铁芯内圆周均匀分布着许多槽，用来嵌装线圈，多个线圈组成三相绕组。如图 4-37 所示为直驱式风力发电机的定子铁芯与绕组。定子铁芯安装在定子机座内，机座与电机的定轴固定成一体，定轴一端有法兰，用来连接风力机的底座，定轴另一端是安装轴承的位置，如图 4-38 所示。

转子主要由转子磁轭、永磁体磁极、转轴组成，在转子磁轭外圆周贴有多个永磁体磁极，相邻永磁体外表面极性相反［见图 4-35（a）］，形成多凸极转子。

转子磁轭通过转子支架固定在电机的转轴上，转轴内圆用来安装轴承。由于风轮直接安装在发电机转子上，因此电机轴承要承受轴向负荷、径向负荷、倾覆力矩等；由于只有一个轴承，采用大直径轴承才能增加承载能力。在转轴端面有安装轮毂的法兰，如图 4-39 所示为转子两个方向的视图。

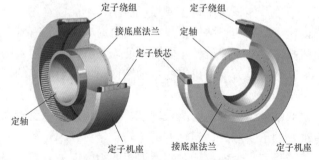

图 4-38 直驱式风力发电机的定子与机座

主轴承是大直径的双列圆锥滚子轴承，有很好的轴向负荷、径向负荷、倾覆力矩的承载能力。图 4-40 是两种双列圆锥滚子轴承，如图 4-40（a）所示为双外圈双列圆锥滚子轴承（外圈是两个并合组成），轴面安装（轴向插入安装）；如图 4-40（b）所示为双内圈双列圆锥滚子轴承（内圈是两个并合组成），采用端面螺栓安装，优点是方便安装。

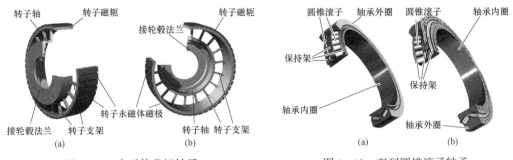

图 4-39　永磁体凸极转子　　　　　　　　　图 4-40　双列圆锥滚子轴承

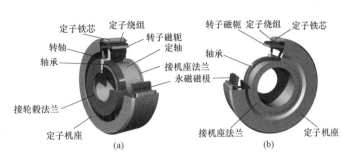

图 4-41　内转子单轴承直驱发电机的转子

我们的模型采用轴面安装，主轴承安装在定子的定轴上，转子的转轴安装在主轴承上，转子与定子之间有很小的气隙，可自由旋转（见图 4-41）。

如图 4-42 所示为该发电机模型的平面剖面图，静止部件剖面与转动部件剖面采用不同方向的剖面线表示。

下面简单介绍整个直驱风力发电机组的组装。

在塔架顶部安装有机舱，机舱里有底座与偏航装置［见图 4-43（a）］，把内转子永磁发电机通过螺栓安装在底座上［见图 4-43（b）］。

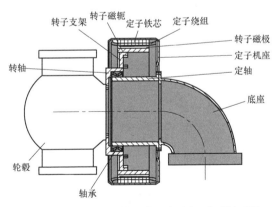

图 4-42　内转子单轴承直驱发电机平面剖面图

把风轮的轮毂安装到发电机转子的法兰上，整个发电机模型组装完成。在风轮的轮毂安装有变桨装置，变桨装置与普通风力机相同［见图 4-44］。

2. 外转子直驱永磁风力发电机组

与普通发电机不同的是，外转子电机是定子固定在靠轴中间位置不动，转子在定子的外围旋转，也属径向气隙磁通结构，与内转子结构相比是转子与定子换了个位置。如图 4-45（a）所示为外转子发电机平面图，定子在电机内部称为内定子，转子在电机外周，称为外转子。

在定子铁芯绕有定子线圈，在转子磁轭内圈安装有永磁体磁极，线圈旁的磁通走向是径向，如图 4-45（b）显示了转子与定子之间的磁通走向。当外转子旋转时，线圈切割磁力线感生电势。

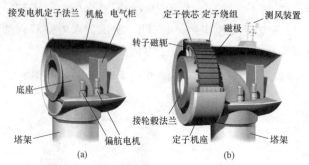

图 4-43　在机舱安装直驱发电机

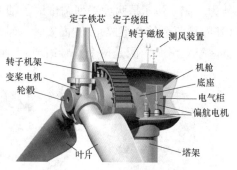

图 4-44　内转子单轴承直驱
永磁发电机组　🖳动画32

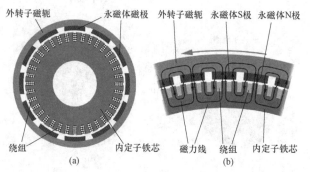

图 4-45　外转子发电机结构与磁路示意

绕组就嵌装在槽内，绕组是按三相规律分布［见图4-45（a）］。

　　如图4-47所示为发电机的定子与定轴，在两个方向展示其结构。定子铁芯安装在定子支架上，定子支架中部是发电机的定轴，一端有安装到机舱底座的法兰，另一端是安装外转子的轴，也是风力发电机的主轴（定轴），轴承将安装在定轴上。定轴要负担整个风轮与外转子的重量与风力，要有很高的强度。

图 4-47　发电机的定子与定轴

外转子具有永磁体安装方便、转子可靠性高，永磁体容易散热、可防高温退磁的优点；缺点是定子铁心和绕组通风不佳，往往需要专门的散热装置使定子降温。

　　下面通过一个双轴承外转子直驱永磁风力发电机模型介绍其基本结构与组成。

　　如图4-46所示为定子铁芯与绕组，定子铁芯由导磁良好的硅钢片叠成，定子铁芯外周有许多槽，发电机的

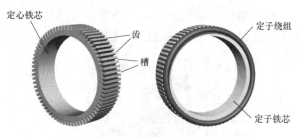

图 4-46　发电机的定子铁芯与绕组

　　如图4-48所示为外转子结构剖视图，在两个方向展示其结构。外转子如同一个桶套在定子外侧，由导磁良好的铁质材料制成，在"桶"的内圆周固定有永久磁铁做成的磁极，"桶"就是转子的磁轭，这种结构的优点之一是磁极固定较容易，不会因为离心力而脱落，外转子磁轭中部是转轴，转轴套在定轴上，

通过两个轴承连接。

把外转子的转轴内面通过轴承安装在定轴上，采用2个轴承支撑。前轴承采用双列圆锥滚子轴承，后轴承采用圆柱滚子轴承。图4-49从两个方向展示其结构。

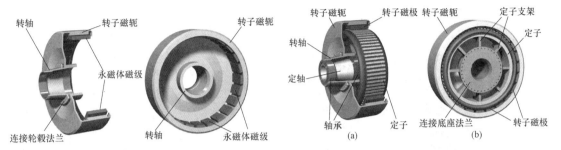

图 4-48 发电机的外转子结构剖视图　　图 4-49 直驱永磁风力发电机结构图

如图4-50所示为该发电机模型的平面剖面图，静止部件剖面与转动部件剖面采用不同方向的剖面线表示。

风力发电机组安装时，先把机舱吊装在塔架顶端，机舱内固定有底座，底座上有安装直驱发电机的法兰[见图4-51（a）]。把发电机吊装到机舱旁，通过螺栓把发电机机舱端法兰与底座法兰紧固连接在一起[见图4-51（b）]。

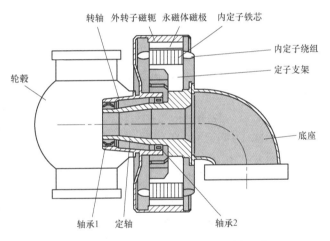

图 4-50 外转子双轴承直驱发电机剖面图

导流罩内有轮毂与变桨装置，把叶片安装在轮毂上组成风轮。风轮吊装到发电机旁，用螺栓把风轮轮毂法兰与外转子连接轮毂法兰固定在一起。风轮与外转子就可同步旋转，也就是发电机与风轮直接连接同步旋转。

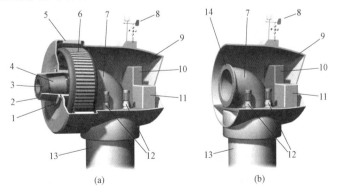

图 4-51 直驱永磁风力发电机的安装

1—安装轮毂法兰；2—转轴；3—轴承；4—定轴；5—外转子；6—内定子；7—底座；8—测风装置；
9—机舱；10—电气柜；11—冷却装置；12—偏航电机；13—塔架；14—发电机安装法兰

在机舱还有电器柜、控制系统、电机散热系统等，在机舱顶部安装有测风装置。如图4-52所示为外转子直驱式永磁风力发电机组的结构示意，展示了外转子直驱式永磁风力发电机组的主要部件与组成。

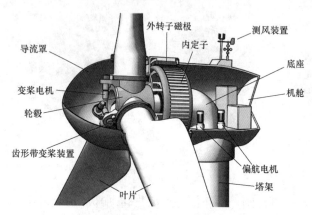

图4-52　外转子直驱永磁风力发电机组结构示意　📱动画33

力发电机组结构示意，采用齿形带传动变桨。

除了风轮、变桨系统、发电机、偏航这些主要的运转部件，机舱有电机冷却系统、液压系统、润滑系统等，以及大量的传感器、控制机构与执行机构。

机组除了风速、风向传感器，电压、电流、频率、相位检测元件外，各种温度、转速、转角、位移、压力、流量、震动等传感器分布在各个部件上，大型机组安装有200多个传感器。风力发电机组安装有功能强大的计算机控制系统，通过采集各个传感器的信号对相关部件进行控制。通过电力开关、变流器等对各种驱动电机进行控制。通过各种控制阀门对液压驱动机构与制动机构进行控制。

目前我国风电场的风力发电机组大部分是外转子直驱式永磁风力发电机组。金风科技是我国最早开发直驱永磁风力发电机组的企业之一，是国内最大的风电制造企业，产品远销国内外。国内安装的兆瓦级风力发电机组1/3是金风科技制造。金风的产品采用外转子直驱永磁发电机，双轴承与单轴承结构都有，系列产品功率从1.5MW到8MW。

如图4-53所示为金风科技GW2.5MW单轴承外转子直驱永磁风

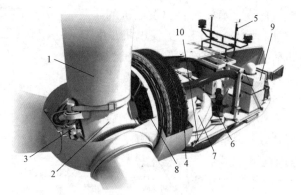

图4-53　金风科技GW2.5MW直驱永磁风力
发电机组结构示意

1—叶片；2—轮毂；3—变桨系统；4—发电机；
5—测风系统；6—偏航系统；7—底座；
8—主轴承；9—发电机散热系统；10—提升机

由于大功率直驱风力发电机的转速非常低，如果要制造发出50Hz交流电的电机，转子磁极数很多，定子槽数更多，制造成本很高。适当降低发电频率，减少电机磁极对数，可降低制造成本，所以目前大功率直驱风力发电机的发电频率约10Hz，有的甚至不到10Hz。发电机的功率密度较低，体积庞大。

随着发电机功率增大，直驱发电机体积增大，质量剧增，制造成本高升。于是半直驱式风力发电机组开始受到人们的重视。半直驱式风力发电机组有齿轮箱，相对于非半驱齿轮箱变比较低（无高速传动部件），磨损大大减小，传动效率增高，质量减轻，制造成本下降。半直驱的发电机的转速增高，相对于直驱式发电机，发电机体积可大大减小，质量大大减轻，制造成本降低。齿轮箱加发电机总质量比直驱发电机的质量还轻，总成本降低，运输装卸、安装、维护方便。当然，如何选取最佳传动比，以获得最低成本与最大发电功率等都要开展研究与试验。

第四节　垂直轴风力发电机的结构与组成

垂直轴风力机由于其发电机轴与风向垂直，对风阻力小，比较适宜采用直驱式发电机，下面介绍两种结构形式。

1. 发电机安装在地面的直驱式垂直轴风力发电机

垂直轴风力发电机的一个重要特点是可以把沉重的机械传动部分与发电机安装在地面，一方面可以改善风力发电机头重脚轻的状况，更重要的是可大大方便机械传动部分与发电机的安装与维护。安装在地面的发电机不用过多考虑发电机的尺寸与质量，采用直驱发电机是较好的选择。下面介绍一种安装在地面的直驱式垂直轴风力发电机的基本结构。

由于风力机转速比较低，特别是功率较大的风力机转速每分钟只有几转到几十转，所以采用多极发电机，在内转子上安装有多个永磁体组成凸出的磁极，磁通方向为径向，相邻磁体磁通方向相反。定子铁芯内侧均匀分布着许多槽，用来嵌放定子线圈，转子旋转产生的旋转磁场在定子绕组中感生电流输出，有关内转子发电机基本结构在本章第三节已做介绍，下面仅介绍整个直驱永磁垂直轴风力机组的组成。如图 4-54（a）所示为一个直驱永磁式内转子发电机模型。

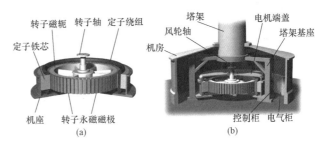

图 4-54　直驱永磁式内转子发电机

发电机安装在钢结构的塔架基座上，塔架基座的柱与梁要支持塔架与风轮的质量与侧向力，必须非常牢固，塔架安装在塔架基座上。塔架基座周围是机房，机房内安装有电器柜与控制柜［见图 4-54（b）］。

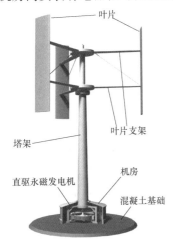

图 4-55　发电机在下方的直驱式垂直轴风力发电机

风轮在塔架顶端，风轮转轴通过传动轴连接地面的发电机，发电机与风轮同步旋转，如图 4-55 所示。

2. 发电机在塔架上方的直驱式垂直轴风力发电机

把直驱发电机安装在垂直轴风力机塔架上部也是一种可行的方法，多级发电机直径较大，在水平轴风力发电机中使机舱迎风面积增大，机舱风阻大；而在垂直轴风力机中，电机轴与风向垂直，采用薄结构的盘式发电机，风的阻力较小，将风轮支架与发电机连成一体，形成紧凑的风轮结构。下面介绍这种直驱式垂直轴风力发电机的基本结构。

发电机采用薄盘式永磁发电机，定子由盘式铁芯与线圈组成，定子固定在定子托盘上，托盘固定在塔架顶端，在托盘中心上方固定有一根转轴，发电机的转子与风轮将安装在该轴上［见图 4-56（a）］。

转子采用永久磁体作磁极，磁极磁通为轴向，相邻磁极磁

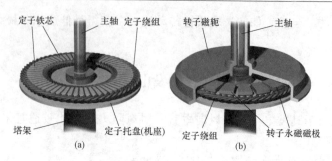

图 4 - 56　装在垂直轴风力机塔架上部的定子与转子

图 4 - 57　垂直轴风力机风叶与
薄盘式发电机连接成一体

通方向相反。直接用电机的顶盖做磁轭，多个磁极直接固定在端盖内下面，电机顶盖与风轮架中轴连为一体，称为风轮转子，在风轮转子轴上下两端内部安装有轴承，把风轮转子安装在主轴上，风轮转子与主轴通过轴承相连接，轴承承受风轮转子的重力与径向力。转子磁极与定子铁芯有很小的间隙，风轮转子可绕主轴自由旋转，转子磁轭与定子托盘共同组成发电机外壳［见图 4 - 56（b）］。

叶片上方支架固定在风轮转子轴上方，下方支架固定在发电机上端盖外侧边缘，在支架外侧固定叶片，如图 4 - 57 所示。

采用较薄的盘式多极发电机直接与风轮成为一体，较紧凑，省去长而笨重的主传动轴，而且盘式机轴垂直于地面，对风的阻力小，对气流流动影响小，在中小型、微型垂直轴风力发电机中这种结构用得较多。

思考与拓展

1. 机舱内有哪些主要设备？
2. 水平轴风力发电机的主轴布置形式主要有哪几种？
3. 轮毂的作用与主要形式有哪些？
4. 结合你的理解，请阐述叶片各段截面的翼型弦线角度为什么不同？
5. 风力发电机组的齿轮箱主要由哪两种齿轮传动组成？
6. 请描述双馈异步风力发电机的基本结构吗？
7. 请问小型风力机的对风方式？
8. 请问风力机偏航系统的组成与主要工作状态？
9. 风力机的变桨驱动方式主要有哪几种？
10. 风力发电机组主要的制动装置有哪些？
11. 直驱风力发电机的主轴结构有哪两种？各有什么优越性？
12. 外转子直驱风力发电机的结构特点与优点有哪些？
13. 内转子直驱风力发电机的结构特点与优点有哪些？
14. 垂直轴风力发电机组的优点有哪些？

风力发电场

第五章

第五章数字资源

　　风力发电场是一个综合系统。从风电场选址到总体规划及布局，从风力发电机组的选型到场内电气设备及系统、中央集中控制系统及建筑物等的设计，都有其需要遵循的基本原则和相关要求，影响因素也有许多。动画04

第一节 风力发电系统的类型

目前风力发电系统有两种类型：离网型的小型分散风力发电系统和并网型大型风力发电系统。

离网型小型分散风力发电系统风力发电机组功率小，风速适应范围广，生产技术成熟，适合家庭和边远地区的小型用电负荷点。在远离电网的边远地区，如用户分散且负荷又轻的村落或孤立的海岛，若当地的风资源较为丰富，离网型小型风力发电系统是解决当地电力供应的有效举措。

并网型大型风力发电系统是风力发电规模化利用的主要方式，由于我国风能资源丰富地区一般远离负荷中心，已建成的风电场主要分布在西北、东北、华北区域、沿海区域和西南地区。风电场大规模集中建设、集中并网、高压远距离输电成为我国风电的特有模式。

离网型小型分散风力发电系统通常由风力发电机组、整流器、逆变器、储能装置（考虑到风能的不连续性，通常需要配置蓄电池）和负荷调整装置组成。离网型的风力发电机组单机容量小（为 $0.1\sim5kW$，一般不超过 $10kW$），主要采用直流发电系统并配合蓄电池储能装置独立运行；并网型的风力发电机组单机容量大（可达兆瓦级），且由多台风电机组构成风力发电机群（风电场）集中向电网输送电能。另外，中型风力发电机组（容量为几十千瓦到几百千瓦）可并网运行，也可与其他能源发电方式相结合（如风电－水电互补、风电－柴油机组发电联合）形成微电网。并网型风力发电的频率应保持恒等于电网频率，按其发电机运行方式可分为恒速恒频风力发电系统和变速恒频风力发电系统两大类。

一、离网型小型分散风力发电系统

离网型小型分散风力发电系统按发电原理分为：小型直流风电混合系统和小型交流风电混合系统。这两种原理的风力发电机可应用于多种离网型风力发电场所。

离网型小型直流风电混合系统结构拓扑图如图 5-1 所示。

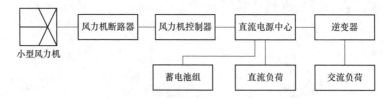

图 5-1 离网型小型直流风电混合系统结构拓扑图

离网型小型交流风电混合系统结构拓扑图如图 5-2 所示。

1. 独立运行的风力发电系统

小型独立风力发电系统一般不并网发电，只能独立使用。它的构成为风力发电机＋充电器＋数字逆变器，如图 5-3 所示。风力发电机由机头、转体、尾翼、叶片组成。叶片用来接受风力并通过机头转为电能；尾翼使叶片始终对着来风的方向从而获得最大的风能；转体能使机头灵活地转动以实现尾翼调整方向的功能；机头的转子是永磁体，定子绕组切割磁力线产生电能。因风量不稳定，小型风力发电机输出的是 $13\sim25V$ 变化的交流电，须经充电

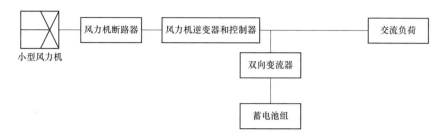

图 5-2 离网型小型交流风电混合系统结构拓扑图

器整流，再对蓄电瓶充电，使风力发电机产生的电能变成化学能；然后用有保护电路的逆变电源，把电瓶里的化学能转变成交流 220V 市电，才能保证稳定使用。

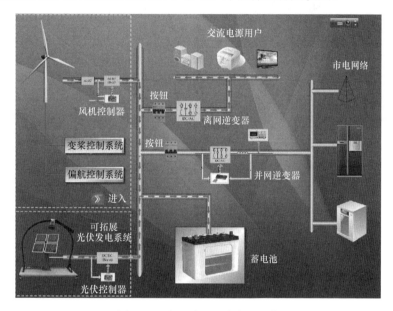

图 5-3 小型独立风力发电系统

风力发电与其他发电方式（如柴油机发电或太阳能发电）相结合，向一个单位或一个村庄或一个海岛供电。

独立运行方式的小型风力发电机组，是我国远离电网的边远偏僻农村、牧区、海岛和特殊处所发展风力发电解决其基本用电问题的主要运行方式，除具有风力发电的一般优点外，其自身优点主要有以下几点：

（1）机动性高。小型发电机可配合需要增加或变更组件大小。

（2）安装方便。可根据需要随时安装，安装简单，快速解决日常用电问题。

（3）能源使用多元化。小型发电机可与多种不同的可再生能源组合，方便可靠。

（4）量身定做的电力使用某些小型发电机种可以配合实际的电力需求调节发电量，提升发电效率。

（5）减少对环境的冲击。减少因燃烧木柴、干草以及使用电池后遗留下的重金属对环境与地下水的污染。

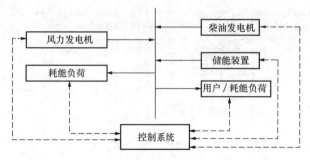

图 5-4　风力-柴油联合发电系统的基本结构框图

2. 风力-柴油发电联合运行

风力-柴油联合发电系统的基本结构框图如图 5-4 所示。由于各地风力资源状况不同，系统的负荷情况也不一样，有的负荷主要是生活用电，有的负荷需要连续供电，有的负荷是间歇性用电。因而，风力-柴油联合发电系统可设计成为并联运行、交替运行等方式，但均由风力发电机、柴油发电机、储能装置、控制系统、用户/耗能负荷构成。

3. 风力-太阳光伏发电系统

风力-太阳光伏发电联合供电系统的基本结构框图如图 5-5 所示。该系统根据风力及太阳辐射的变化情况可以在三种模式下运行：

（1）风力发电机独自向负荷供电。

（2）风力发电机及太阳光电池方阵联合向负荷供电。

（3）太阳光电池方阵独立向负荷供电。

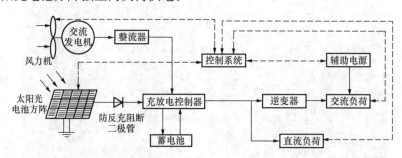

图 5-5　风力-太阳光伏发电系统的基本结构框图

二、并网型大型风力发电系统

1. 恒速恒频风力发电系统

恒速恒频风力发电系统中主要采用三相同步发电机（运行于由电机极对数和频率所决定的同步转速 n_0）、鼠笼式异步发电机（SCIG）。在定桨距并网型风电机组中一般采用 SCIG，通过定桨距失速控制的风轮使其在略高于同步转速 n_0 的转速（一般为 $1 \sim 1.05\, n_0$）下稳定发电运行。如图 5-6 所示为采用 SCIG 的恒速恒频风力发电系统结构示意，由于 SCIG 在向电网输出有功功率的同时，需要从电网吸收滞后的无功功率以建立转速为 n_0 的旋转磁场，这加重了电网无功功率的负担，导致电网功率因数下降，为此在 SCIG 机组与电网之间设置合适容量的并联电容器组以补偿无功。在整个

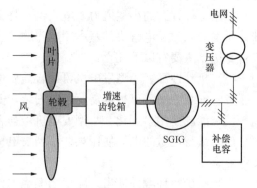

图 5-6　采用 SCIG 的恒速恒频的风力发电系统

运行风速范围内（3m/s＜v_1＜25m/s），气流的速度是不断变化的，为了提高中低风速运行时的效率，定桨距风力发电机普遍采用三相（鼠笼式）异步双速发电机，分别设计成 4 极和 6 极，其典型代表是 NEGM ICON 750kW 机组。

恒速恒频风力发电系统具有电机结构简单、成本低、可靠性高等优点，其主要缺点如下：运行范围窄；不支持速度控制，功率输出波动大；不能充分利用风能（其风能利用系数不可能保持在最大值）；风速跃升时会导致主轴、齿轮箱和发电机等部件承受很大的机械应力。

恒速恒频风力发电系统具体包含三种机型：

（1）失速控制型：根据空气动力学原理，通过叶片翼面特殊的流线型设计，当风速较大时（超过额定风速），通过叶片翼面的气流在翼面边界层内部形成旋涡区，翼型上侧气流速度下降，压力上升，叶片上下表面压力差减小，形成减速扩压效应，造成升力下降，叶片失速，保障在大风下机组功率稳定在一定范围。该机型简单、耐用，但无法控制风力发电机的输出功率。

（2）桨距控制型：可通过控制桨叶角度来调整风力发电机组的输出功率，但桨叶调节速度缓慢，在高风速时较小的风速变化也会造成较大的输出功率波动，且阵风时不能得到及时调节，因此无法进行功率调节。该机型具备可控启动和紧急刹车功能。

（3）主动失速控制型：该机型结合了失速控制型和桨距控制型的优点，在低风速时通过桨叶调节获得较大功率输出，在高风速时利用桨叶进入深度失速状态平稳输出功率，优化了风力发电机组输出功率高波动的缺陷。

2. 变速恒频风力发电系统

20 世纪 90 年代中期，为了克服恒速恒频风力发电系统的缺点，基于变桨距技术的各种变速恒频风力发电系统开始进入市场，其主要特点如下：低于额定风速时，调节发电机转矩使转速跟随风速变化，使风轮的叶尖速比保持在最佳值，维持风电机组在最大风能利用率下运行；高于额定风速时，调节桨距以限制风力机吸收的功率不超过最大值；恒频电能的获得是通过发电机与电力电子变换装置相结合实现的。目前，变速恒频风电机组主要采用绕线转子双馈异步发电机，低速同步发电机直驱型风力发电系统也受到广泛重视。

（1）基于绕线转子双馈异步发电机的变速恒频风力发电系统。绕线转子双馈异步发电机有两种机型：WRIG 型（wound rotor induction generator）和 DFIG 型（doubly - fed induction generator），转子侧通过集电环和电刷加入交流励磁，既可输入电能，又可输出电能。图 5 - 5（a）所示为基于 DFIG 的变速恒频风力发电系统结构示意。其中，DFIG 型的转子绕组通过可逆变换器与电网相连，通过控制转子励磁电流的频率实现宽范围变速恒频发电运行，其工作原理如下：同步转速 n_0、电网频率 f_1 及电机的极对数 p 的关系为 $n_0 = 60 f_1 / p$；改变转子励磁电流 f_2，即可改变转子旋转磁场 n_2，而且若改变通入转子三相电流相序，还可以改变转子旋转磁场的转向；因此在转子通入三相低频励磁电流形成低速旋转磁场，维持 $n_r \pm n_2 = n_0 = $ 常数（$f_1 = 50\text{Hz}$），则该磁场的旋转速度 n_2 与转子机械转速 n_r 相叠加，等于定子的同步转速 n_0，从而在 DFIG 定子绕组中感应出相应于同步转速 n_0 的工频电压；当发电机转速 n_r 随风速变化而变化时（一般的变化范围为 n_0 的 30% 左右，可双向调节），调节转子励磁电流的频率即可调节转子旋转磁场 n_2，以补偿发电机转速 n_r

的变化，则双馈电机定子绕组的感应电势等同于同步发电机，其输出电能的频率将始终维持为电网频率 f_1 不变。

如图 5-7 所示的 WRIG 和 DFIG 变速恒频方案由于是在转子电路中实现的，调节转子励磁电流的有功、无功分量，因此可独立调节发电机的有功、无功功率，以调节电网的功率因数、补偿电网的无功需求。其中 DFIG 转子采用了可调节频率、幅值、相位的交流励磁，发电机和电力系统构成了柔性连接。

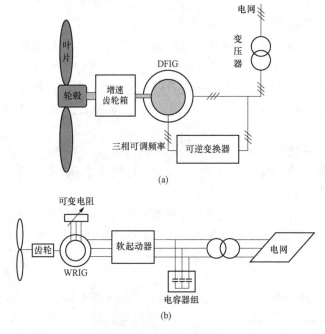

(a)

(b)

图 5-7 基于 WRIG 和 DFIG 的变速恒频风力发电系统

DFIG 型绕线转子双馈异步发电机是目前市场上的一种主流机型，具有定、转子两套绕组，定子绕组并网，转子绕组外接三相转差变频器（该变频器容量为全功率并网变频器的 1/4~1/3，显著降低了成本）实现交流励磁。运行过程中，发电机定、转子同时参与励磁（即通过电枢反应形成磁场），且定、转子两侧均可进行能量馈送，即为双馈。

该型风力发电机组有三种运行状态：

1）超同步运行状态：当滑差 $s<0$ 时，即转子转速 $n_r>$ 同步转速 n_0，此时风力发电机定子和转子同时输出功率。

2）同步运行状态：当滑差 $s=0$ 时，即转子转速 $n_r=$ 同步转速 n_0，此时风力发电机定子输出功率，转子维持发电机磁场的建立。

3）次同步运行状态：当滑差 $s>0$ 时，即转子转速 $n_r<$ 同步转速 n_0，此时风力发电机定子输出功率，转子吸收功率以维持发电机磁场的建立。

（2）基于低速同步发电机的直驱型风力发电系统。直驱型风力发电系统中，风轮与永磁式（或电励磁式）同步发电机直接连接，省去了常用的升速齿轮箱。如图 5-8 所示，风能通过风机和永磁同步发电机（PMSG）转换为 PMSG 定子绕组中频率、幅值变化的交流电，输入到全功率变换器中（其通常采用可控 PWM 整流或不控整流后接 DC/AC 变换），先经整流为直流，然后经三相逆变器变换为三相工频交流电输出。该系统通过定子侧的全功率变

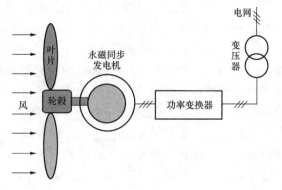

图 5-8 直驱永磁型变速恒频风力发电系统

换器对系统的有功、无功功率进行控制，并控制发电机的电磁转矩以调节风轮转速，实现最

大功率跟踪。与基于 DFIG 的风力发电系统相比，该系统可在较宽的转速范围内并网，但其全功率变换器的容量较大。与带齿轮箱的风力发电系统相比，该系统提高了效率与可靠性、降低了运行噪声，但发电机转速低，为获得一定的功率，发电机应具备较大的电磁转矩，故其体积大、成本高。

第二节　风力发电场的组成

并网型的风力发电系统主要由风力发电机组和升压变电站组成。升压变电站把风电机组发出的电能升压到电网电压，再送入电网，如图 5-9 所示。

图 5-9　风力发电系统的组成

风力发电场（简称风电场）将多台大型并网型的风力发电机组安装在风能资源好的场地，按照地形和主风向排列，组成机群向电网供电。风力发电机就像种庄稼一样排列在地面上，故形象地称为"风力田"。风力发电场于 20 世纪 80 年代初在美国的加利福尼亚州兴起，现在被全世界大力发展风电的各个国家广泛采用，如图 5-10 所示为蒂哈查皮山口风力发电场，位于美国加利福尼亚州南部，装机容量 562MW。

图 5-10　蒂哈查皮山口风力发电场

我国的风电场一般采用集中并网远距离传输运行。通常采用二次升压，风力发电机组出口电压经安装在机旁的箱式升压变压器升至 10kV 或 35kV，二次升压为汇集后 10kV 或 35kV 经升压变电站升至 66kV/110kV/220kV/330kV 或更高压等级接入电网。如图 5-11 所示，风电场升压变电站主接线结构简单，一般为线路变压器或单母线接线形式。

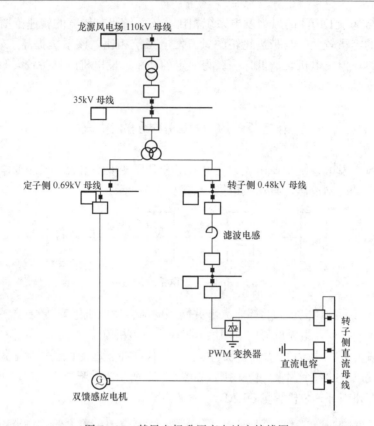

图 5-11 某风电场升压变电站主接线图

第三节 风电场选址和风电机组的排列

风电场建设既复杂又综合。风电场的规划设计属于风电场建设项目的前期工作，需要综合考虑许多方面的因素，包括风能资源的评估、风电场的选址、风力发电机组机型选择和设计参数、装机容量的确定、风电场风力发电机组微观选址、风电场联网方式选择、风电场集电线路布置方式、机组控制方式、土建及电气设备选择及方案确定、后期扩建可能性、经济效益分析等因素。其中，对风能资源进行精确的评估，则直接关系到风电场效益，是风电场建设成功与否的关键。这里就风能资源评估和风电场微观选址问题进行描述。

一、风能资源评估

风况是影响风力发电经济性的一个重要因素。风能资源评估是整个风电场建设、运行的重要环节，是风电项目的根本，对风能资源的正确评估是风电场建设取得良好经济效益的关键，有的风电场建设因风能资源评价失误，建成的风电场达不到预期的发电量，造成很大的经济损失。可以说，风能资源的评估是建设风电场成败的关键所在。

1. 风能资源评估过程

风能资源评估是风电场建设项目前期所必须进行的重要工作。风能资源评估一般需要经过以下几个阶段：

（1）资料收集、整理分析。建设风电场最基本的条件是要有能量丰富、风向稳定的风能资源。现有测风数据是最有价值的资料，从地方各级气象台、站及有关部门收集有关气象、地理及地质数据资料，对其进行分析和归类，从中筛选出具代表性的完整的数据资料。能反映某地风气候的多年（10年以上，最好30年以上）平均值和极值，例如平均风速和极端风速，平均和极端（最低和最高）气温，平均气压，雷暴日数以及地形地貌等。

（2）风能资源普查分区。对收集到的资料进行进一步分析，按标准划分风能区域及其风功率密度等级，初步确定风能可利用区。中国气象科学研究院和部分省区的有关部门绘制了全国或地区的风能资源分布图，按照风功率密度和有效风速出现小时数进行风能资源区划分，标明了风能丰富的区域，可用于指导宏观选址。有些省区也已进行过风能资源的调查。

（3）风电场宏观选址。风电场宏观选址遵循的原则一般是，应根据风能资源调查与分区的结果，选择最有利的场址，以求增大风力发电机组的出力，提高供电的经济性、稳定性和可靠性；最大限度地减少各种因素对风能利用、风力发电机组使用寿命和安全的影响；全方位考虑场址所在地对电力的需求及交通、电网、土地使用、环境、气候等因素。

根据风能资源普查结果，初步确定几个风能可利用区，分别对其风能资源进行分析，对地形地貌、地质、交通、电网及其他外部条件进行评价，并对各风能可利用区进行相关比较，从而选出并确定最合适的风电场场址。这一般通过利用收集到的该区气象台、站的测风数据和地理地质资料并对其分析，到现场询问当地居民，考察地形地貌特征如长期受风吹而变形的植物、风蚀地貌等手段来进行定性，从而确定风电场场址。

（4）风电场风况观测。一般，气象台、站提供的数据只是反映较大区域内的风气候，而且，数据由于仪器本身精度等问题，不能完全满足风电场精确选址及风力发电机组微观选址的要求。因此，为正确评价已确定风电场的风能资源情况，取得具有代表性的风速风向资料，了解不同高度处风速风向变化特点，以及地形地貌对风的影响，有必要对现场进行实地测风，为风电场的选址及风力发电机组微观选址提供最准确有效的数据。

现场测风应连续进行，时间至少1年，有效数据不得少于90%，内容包括风速、风向的统计值和温度、气压，通过在场区设立单个或多个测风塔进行。塔的数量依地形和项目的规模而定。

（5）测风塔安装。测风塔是用于对近地面气流运动情况进行观测、记录的塔形构筑物，用于气象观测和大气环境监测，为风电场的建设获取第一手风能资料。为进行精确的风力发电机组微观选址，现场所安装测风塔的数量一般不能少于2座。若条件许可，对于地形相对复杂的地区应增至4~8座。测风塔应尽量设立在最能代表并反映风电场风能资源的位置。

安装测风塔的具体做法是根据现场地形情况结合地形图，在地形图上初步选定可安装风机的位置，测风塔要立于安装风机较多的地方。测风应在空旷地进行，尽量远离高大树木和建筑物。如果地形较复杂，则要分片布置测风塔，测风塔不能立于风速分离区和粗糙度的过渡线区域，即测风塔附近应无高大建筑物、地形较陡、树木等障碍物，与单个障碍物距离应大于障碍物高度的3倍，与成排障碍物距离应保持在障碍物最大高度的10倍以上。如果测风塔必须设立在树木密集的地方，则至少应高出树木顶端10m；测风塔位置应选择在风场主风向的上风向位置；测风高度最好与风机的轮毂高度一样，应不低于风机轮毂高度的2/3，一般分三层以上测风。

为确定风速随高度的变化（风剪切效应），得到不同高度风速可靠的风速值，一座测风塔上应安装多层测风仪。一般测风塔上测风仪数量可根据上述目的及地形确定。每个风电场场址只需安装一套气压传感器和温度传感器用于测量气压和温度，其塔上安装高度为2~3m

（目前多为 10m）。

测风设备的安装和管理应严格按气象测量标准进行。测量内容为风速、风向、气压、温度。

测风塔可以是固定的，也可以是移动的，测风仪应安装在 10m 和大约风力发电机组轮毂高度处；若测风的目的是要对风电场进行长期风况测量及对风电场风力发电机组进行产量测算，则应采用设立多层测风塔长期测量有关数据，测风仪应安装在 10、30、50、70m 高度甚至更高。

（6）风电场风力发电机组微观选址。场址选定后，根据地形地质情况、外部因素和现场实测风能资源分析结果，在场区内对风力发电机组进行定位排布。目前微观选址多借助于 WAsP 等软件进行。

2. 风能资源评估参数

风能资源评估参数中，风力发电机组发电量是决定风电场效益好坏的最直接因素。只有对风能资源进行详细细致的考察评估并对其进行处理计算，才能了解当地的风势风况，进而确定正确的风电场址。因此，风能资源分析评估是设计选择建设风电场首要的条件。

在进行风能资源评估及风电场选址时，所要考虑的主要指标及因素如下：

（1）平均风速。平均风速是最能反映当地风能资源情况的重要参数，分为月平均风速和年平均风速。由于风的随机性，计算平均风速时一般按年平均来进行计算。年平均风速是全年瞬时风速的平均值。年平均风速越高，则该地区风能资源越好，安装风力发电机组的单机容量也可相应提高，风力发电机组出力较好。一般来说，只有年平均风速大于 6m/s（合 4 级风）的地区才适合建设风电场。风能资源的统计分析及年平均风速的计算要依据该地区多年的气象站数据和当地测风设备的实际测量数据进行（气象资料数据要统计 30 年以上的数据，至少 10 年的每小时或每十分钟风速数据表，采样间隔为 1s；现场测风设备的实际测量数据统计方式要与气象站提供数据相一致，统计时间至少为 1 年）。

（2）风功率密度。由风能公式可知，风功率密度只和空气密度和风速有关，对于特定地点，当空气密度视为常量时，风功率密度只由风速决定。

风功率密度 W，也称风能密度，是衡量一个地方风能大小的指标。风功率密度是气流在单位时间内垂直通过单位截面积的风能，由式（2-3）计算。

风机发电机功率计算公式为

$$P = WAC_P$$

式中　P——风功率，W，kW；

　　　A——扫风面积，即 $A = 1/2\pi R^2$（R 为半径，即风叶长度），m^2；

　　　C_P——风能转化率，根据贝兹极限，C_P 值最高 0.593，一般取 0.2～0.4（由实际机型确定）。

由于风速具有随机性，其每时每刻都在变化，故不能使用某个瞬时风速值来计算风功率密度，只有使用长期风速观测资料才能反映其规律。

风功率密度越高，则该地区风能资源越好，风能利用率也越高。风功率密度的计算可依据该地区多年的气象站数据和当地测风设备的实际测量数据进行，也可利用 WAsP 软件对风速风向数据进行精确的分析处理后计算。

风功率密度蕴含风速、风速频率分布和空气密度的影响，是风电场风能资源的综合指标。风功率密度等级达到 3 级风况的风电场才有开发价值。

（3）主要风向分布。风向及其变化范围决定风力发电机组在风电场中的确切排列方式，风力发电机组的排列方式很大程度地决定各台风力发电机组的出力，从而决定风电场的发电效率，因此，主要盛行风向及其变化范围要精确。同平均风速一样，风向的统计分析也要依据多年的气象站数据和当地测风设备的实际测量数据进行。利用 WAsP 软件可对风向及其变化范围进行精确的计算确定。

（4）年风能可利用时间。年风能可利用时间是指一年中风力发电机组在有效风速范围（一般取 3～25m/s）运行时间，一般年风能可利用小时数大于 200h 的地区为风能可利用区。

二、风电场选址

建设风电场最基本的条件是要有能量丰富、风向稳定的风能资源。而风能的供应受到多种自然因素的复杂支配，特别是大的气候背景及地形和海陆的影响。由于风能在空间分布上是分散的，在时间分布上它也是不稳定和不连续的，也就是说风速对天气气候非常敏感，时有时无，时大时小。但风能在时间和空间分布上有很强的地域性。所以利用已有的测风数据及其他地形地貌特征，在一个较大范围内，例如一个省、一个县或一个电网辖区内，找出可能开发风电的区域，初选风电场场址。风电场选址对风电场建设是至关重要的，国内外的经验教训表明，风电场选址的失误将造成发电量损失和运行维护费用增加，影响项目整体效益。风电场场址选择得正确与否，近则关系到运输、施工、安装及环境等，远则影响将来的风力发电机组出力、产量乃至风电场效益。

风电场选址分为宏观选址和微观选址两个阶段。风电场宏观选址过程是在一个较大的地区内，对资源、气象、地形、交通、联网条件等多方面进行综合考察后，选择一个风能资源丰富且最有利用价值的小区域的过程。微观选址是在宏观选址选定的小区域中确定如何优化布置风力发电机组，使整个风电场具有较好的经济效益，发电量达到最优。

一般，风电场选址研究需要两年时间，其中现场测风应有至少一年及以上的数据。经验表明，风电场选址的失误造成发电量损失和所增加的维修费用将远远大于对场址进行详细调查的费用。

1. 宏观选址条件

（1）场址选在风能质量好的地区。反映风能资源丰富与否的主要指标有年平均风速、有效风能功率密度、有效风能利用小时数、容量系数等，这些要素越大，风能越丰富。风能质量好体现在年平均风速较高、风功率密度大、风频分布好、可利用小时数高等。根据我国风能资源的实际情况，"风能资源丰富区"标定为年平均风速在 6m/s 以上，年平均有效风能功率密度大于 300W/m² ，风速为 3～25m/s，有效风能利用小时数在 5000h 以上，容量系数 C_v 大于 30％的地区。这里的风力机容量系数是指一个地点风力机实际能够得到的平均输出功率与风力机额定功率之比。容量系数越大，风力机实际输出功率越大，经济效益越明显。

容量系数计算公式：

$$C_v = 年度电能输出 /（风力发电机组额定容量 \times 8760）\times 100％$$

（2）风向基本稳定。通常，我们把出现频率最多的风向称为盛行主风向。当某个区域主要有一个或两个盛行主风向时，都能算是风向基本稳定。判断风向稳定的方法可以利用风玫瑰图，其主导风向频率在 30％以上的地区，可以认为是风向稳定地区。

　　根据气候和地理特征，某一地区一般只有一个或两个盛行主风向且几乎方向相反，这种风向对风力发电机组排布非常有利，考虑因素较少，排布也相对简单。但是也有这种情况，就是虽然风况较好，但没有固定的盛行风向，这对风力发电机组排布尤其是在风力发电机组数量较多时带来不便，这时就要进行各方面综合考虑来确定最佳排布方案。

　　（3）风速变化小。风电场选址时尽量不要有较大的风速日变化和季节变化。我国属季风气候，冬季风大，夏季风小；但是在我国北部和沿海，由于天气和海陆的关系，风速年变化较小。

　　（4）风力发电机组高度范围内风垂直切变要小。风力发电机组选址时要考虑因地面粗糙度而引起的不同风速廓线（风速廓线是指风速随高度的变化的曲线，风速通常随离地面高度增大而增加，增加程度主要与地面粗糙度和温度梯度有关）。当风垂直切变非常大时，对风力发电机组的运行十分不利。

　　（5）湍流强度小。由于风是随机的，加之场地表面粗糙的地面和附近障碍物的影响，由此产生的无规则的湍流会给风力发电机组及其出力带来无法预计的危害：减小可利用的风能；使风力发电机组产生振动；叶片受力不均衡，引起部件机械磨损，从而缩短风力发电机组的寿命，严重时使叶片及部分部件受到不应有的毁坏等。湍流强度受大气稳定性和地面粗糙度的影响，因此，在选址时，要尽量使风力发电机组避开上风方向地形有起伏、粗糙的地表面或高大的建筑障碍物。若条件允许，风力发电机组的轮毂高度应至少高出附近障碍物8～10m，距障碍物的距离应为5～8倍障碍物高度。

　　（6）尽量避开灾害性天气频繁出现地区。灾害性天气包括强风暴（如强台风、龙卷风等）、雷电、沙暴、覆冰、盐雾等，对风力发电机组具有破坏性。频繁出现上述灾害性气候的地区应尽量不要安装风力发电机组。但是在选址时，有时不可避免地要将风力发电机组安装在这些地区，因此在进行风力发电机组设计时就应将上述因素考虑进去，要对历年来出现的冰冻、沙暴情况及其出现的频度进行统计分析，并在风力发电机组设计时采取相应措施。尤其是在沿海地区，选址要避开台风经常登陆的地点和雷暴易发生的地区。

　　（7）尽可能靠近电网。要考虑电网现有容量、结构及其可容纳的最大容量，以及风电场的上网规模与电网是否匹配的问题；风电场应尽可能靠近电网，从而减少电损和电缆敷设成本。并网型风力发电机组需要与电网相连接，场址选择时应尽量靠近电网。对小型的风电项目而言，要求离10～35kV电网比较近；对比较大型的风电项目而言，要求离110～220kV电网比较近。风电场离电网近，不但可以降低并网投资，而且可以减小线路损耗，满足电压降要求。接入电网容量要足够大，避免受风电机组随时启动并网、停机解列的影响。一般来讲，规划风能资源丰富的风电场，选址时应考虑接入系统的成本，要与电网的发展相协调。

　　（8）交通方便。要考虑所选定风电场交通运输情况，设备供应运输是否便利，运输路段及桥梁的承载力是否适合风力发电机组运输车辆等。风电场的交通方便与否，将影响风电场的建设，如设备运输、装备、备件运送等。风能资源丰富的地区一般都在比较偏远的地区，如山脊、戈壁滩、草原和海岛等，必须拓宽现有道路并新修部分道路以满足大部件的运输需要，其中有些部件可能超过30m。风电场选址时应考虑交通方便，便于设备运输，同时减少道路投资。

　　随着风力发电机技术的发展，风力塔筒的高度逐年增高，还应考虑对航空路线的影响。海上风电还应考虑对航运航线的影响。

　　（9）对环境的不利影响最小。通常，风电场对动物特别是对飞禽及鸟类有伤害，对草原和树林也有些损害。为了保护生态,在选址时应尽量避开鸟类飞行路线,候鸟及动物停留地带及动物筑巢区,尽量减小占用植被面积。

(10) 地形情况。地形因素要考虑风电场址区域的复杂程度,例如多山丘区、密集树林区、开阔平原地、水域等。地形单一,则对风的干扰低,风力发电机组可无干扰地运行在最佳状态;反之,地形复杂多变,产生扰流现象严重,对风力发电机组出力不利。验证地形对风电场风力发电机组出力产生影响的程度,通过考虑场区方圆 50km(对非常复杂地区)以内地面粗糙度及其变化次数、障碍物如房屋树林等的高度、数字化山形图等数据,还有其他如上所述的风速风向统计数据等,利用 WAsP 软件的强大功能进行分析处理。选择场址时,在主风向上要求尽可能开阔、宽敞,障碍物少、粗糙度低,对风速影响小。另外,场址地形应比较简单,便于大规模开发,有利于设备的运输、安装和管理。

(11) 地质情况。风电场选址时要考虑所选定场地的土质情况,例如是否适合深度挖掘(塌方、出水等)和房屋建设施工、风力发电机组施工等。要有详细地反映该地区的水文地质资料,并依照工程建设标准进行评定。风电机组基础的位置最好是承载力强的基岩、密实的壤土或黏土等,并要求地下水位低,地震烈度小。

(12) 地理位置。从长远考虑,风电场选址要远离强地震带、火山频繁爆发区,以及具有考古意义及特殊使用价值的地区。应收集历年有关部门提供的历史纪录资料,结合实际做出评价。

另外,考虑风电场对人类生活等方面的影响,例如风力发电机组运行会产生噪声及叶片飞出伤人等,风电场应远离人口密集区。有关规范规定风力发电机组离居民区的最小距离应使居民区的噪声小于 45dB(A),该噪声可被人们所接受。典型风机声强水平值为 95~105 dB(A),按 105 dB(A)声强值计算,距离风机 500m 处的噪声为 37dB(A),小于《城市区域环境噪声标准》中的三类标准。另外,风力发电机组离居民区和道路的安全距离从噪声影响和安全方面考虑,单台风力发电机组应远离居住区至少 200m。而对大型风电场来说,这个最小距离应增至 500m。

(13) 温度、气压、湿度、海拔。温度、气压、湿度、海拔的变化会引起空气密度的变化,改变风功率密度,进而改变风力发电机组的发电量。

(14) 风电场覆矿情况。风电场选址时要考虑所选定场地是否影响矿产资源的开采,规避因开采矿产资源造成设备拆迁的损失。

2. 微观选址内容

微观选址的内容主要是指风力发电机组的排列方式的确定。

风力发电机组排列方式主要与风向及风力发电机组数量、场地实际情况有关。应根据当地的单一盛行风向或多风向,决定风力发电机组是矩阵式排布还是圆形或方形分布。

由于风力机之间互相有影响,风电场中风力机不能随意布置,合理地排列风力发电机组是风电场设计时需要考虑的重要问题。如果排列过密,风力发电机组间的相互影响将会大幅度地降低排列效率,减少年发电量,并且产生的强紊流将造成风力发电机组振动,恶化受力状态;反之,如果排列过疏,不但年发电量增加很少,而且增加了道路、电缆等投资费用及土地利用率。按标准要求,无论何种方式的排列,应保证风力发电机组之间的相互干扰最小化。对平坦地形,当盛行主风向为一个方向或两个方向且互为反方向时,风力发电机组排列方式一般为矩阵式分布。风力发电机组群排列方向与盛行风向垂直,前后两排错位,即后排风力发电机组始终位于前排 2 台风力发电机组之间，以保证风流经一台风力机后，又重新加速，达到额定值。但是，在考虑风力发电机组的风能最大捕获率或因考虑场地面积而允许出现较小干扰，并考虑道路、输电线等投资成本的前提下，可适当调整各风力发电机组间的间距和排距。一般来说，风力发电机组的列距约为 3～5 倍风轮直径；行距约为 5～9 倍风轮直径。当场地为多风向区，即该地存在多个盛行风向时，依场地面积和风力发电机组数量，风

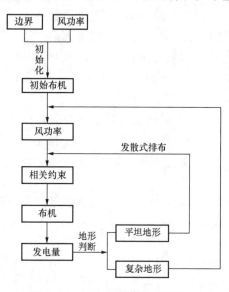

图 5-12　风电场微观选址流程

力发电机组排布一般采用"田"形或圆形分布，此时风力发电机组间的距离应相对大一些，通常取 10～12 倍风轮直径或更大。根据国外进行的试验，风力发电机组间距离为其风轮直径的 10 倍时，风力发电机组效率将减少 20%～30%，20 倍距离时无任何影响。

对复杂地形如山区、山丘等，不能简单地根据上述原则确定风力发电机组位置，而是根据实际地形，测算各点的风力情况后，经综合考虑各方因素（如安装、地形地质等），选择合适的地点进行风力发电机组安装。风电场微观选址流程见图 5-12。

风电机组具体布置时应根据风向玫瑰图和风能玫瑰图确定风电场主导风向。对平坦、开阔的场址，可以按照以上原则，单排或多排布置风电机组。在多排布置时应呈梅花形排列（见图 5-13），以尽量减小风电机组之间尾流的影响。在复杂地形条件下的风电场场址，可利用 WAsP 软件等工具对场址风能资源进行分析，寻找风能资源丰富、具有开发价值的布机点，并结合以上布机原则进行风电机组布置。

风电场的设计过程中，在风资源评估和宏观选址的基础上，通过 WAsP 等风资源评估软件，对风电场内的风机排布进行优化，初步确定风电场的风机机位。当然，最终确定机位和优化布置还需考虑多种因素。

（1）考虑与居民区的间距要求。风力发电是清洁、无污染的可再生能源，其生产过程是利用自然风能转化为机械能，再将机械能转化为电能的过程，不会损害和污染环境。风力发电机组安装在开阔地带，每台风机基础仅占用较小的面积，不会对当地的生态环境产生影响。

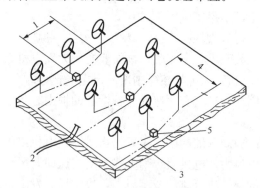

图 5-13　风电机组梅花形排列
1—列距（3～5 倍风轮直径）；2—连接电网；
3—主风向；4—行距（5～9 倍风轮直径）；
5—变压器

但风电机组在运行过程中会产生噪声，这些噪声对周围村镇有一定影响。风电场大都位于山区、戈壁滩、沙漠、草原、海滩和海岛，风机距离村镇较远，噪声对周围居民生活影响有限。但近年来低风速、大叶片风力发电技术的研发应用发展迅速，平原风电的开发可行性

快速提高，在风电场选址时应充分考虑噪声污染对居民的影响。

风力发电场运行时会产生一定能量的电磁辐射，但其强度较低，且距离居民区较远，不会对居民身体健康产生危害。通过对已建风电场周围居民的调查，目前运行的风电场对当地无线电、电视等电器设备没有影响，因此风电场不会对当地无线电、电视等产生干扰。

综上所述，风力发电机布置在距村庄、居民区 500m 以上的区域，就不会对周围居民产生大的影响。

（2）风机位地形、地貌、地质情况。风机位地形、地貌直接影响到每个风机位的投资。如果地形较平坦，地面附着物较少，风机位平整土石方量就较小，附着物的补偿费用也较少，投资较为节省。风机位平整场地费用高低会相差数十万元。有的风机位需要伐树，一个机位的伐树费用高达数万元。由于地形、地貌的不同造成每个风机位投资差别较大，在微观选址时，需甄别对待。

在风机位布置时，还应考虑避开居民区、军事设施、避开森林等，滩涂上的风电场主要考虑避免风机机位布置在渔民的池塘中。

地质条件的好坏也是影响每个风机位投资大小的关键因素，由于风电场范围较大，动辄几十平方公里，整个风电场区域的工程地质条件千差万别，每个机位的工程地质条件差距较大，有的是天然地基，有的需做地基处理，同一风场不同机位的地基处理费相差有几倍。经过微观选址调整机位可降低地基处理费用。风电场内机组位置的排列取决于风能密度的方向分布和地形的影响。在风能玫瑰图上最好有一个明显的主导风向或两个方向接近相反的主风向。在山区，主风向以与山脊走向垂直为最好。

（3）风电场内的道路因素。在风力发电厂的建设中，风电场内施工检修道路起着举足轻重的作用，虽然道路的投资在整个风电场的总投资中所占的比重并不大，但就每个机位的道路投资有一定的差别。就微观选址而言，道路的投资是影响单个风机经济性的一个因素。道路标准选择、线路设计是否合理直接影响到整个风电场的施工安装。如果是山区风电场，一般地形较复杂，地势险峻。发电量较高的机位一般处在地势较高的山包上，如果要在此设立风机，就需要修建一条盘山公路以满足施工时塔架、发电机舱、叶片等大件设备的运输要求和大型吊装设备的通行要求；同时，还要考虑这些大件设备的施工吊装场地及该场地的平整问题等。

风电场内部道路主要是用于风电机组安装施工、风电场内巡视检修。在风电场建设施工安装阶段，道路除应满足施工运输材料、设备的要求外，还应满足安装风机的大型起吊机械和运输风机机舱、风轮叶片、塔筒等的大型运输设备的要求。采用何种运输工具和起吊设备，应根据风机组件的具体外形尺寸和重量确定。

风电场内施工检修道路的设计标准可按 GBJ 22—1987《厂矿道路设计规范》中四级厂外道路设计。道路设计的几个主要技术标准应根据风电场的风机类型、吊装设备的选择及运输车辆情况确定。道路的宽度主要由大型吊装设备决定，根据不同风机类型选择适合的大型吊装设备。曲线半径由运输叶片、塔筒的运输车辆决定。不同类型风机叶片、塔筒的长度不同。运输叶片、塔筒的车辆为超长轴特种半挂车，车辆长度有 20 多米，要求道路的转弯半径较大。例如 1.5MW 的风机叶片长度约为 35m，道路最小转弯半径为 25m，一般为 30m。最大纵坡由运输大件的运输车辆决定，风电场大件除变电站的主变压器外，风力发电机机舱最重，如 1.5MW 的风机机舱一般在 55t 左右。运输这样设备的载重车极限爬坡能力高级路面不大于 14%、砂石路面不大于 12%。所以道路选线设计时，在地形条件比较好的情况下，平均纵坡宜不大于 5.5%，最大纵坡不大于 9%，但是在山区地段的话，平均纵坡不宜大于 7%，最大纵坡不大于 12%。

因此，风电场道路在满足上述要求的前提下，尽量降低标准，节约道路成本，以降低风电场的投资。

（4）风电场征租地的因素。为了提高效率，减小尾流、湍流等因素的影响，风力发电机组之间必须保持足够的距离，因此，风电场的范围一般都比较大，从十几平方千米至几十平方千米。在偌大的风电场内，绝大部分土地的利用不受影响，因此，一般风电场采用点征、带状征地。

与其他建设用地不同，风电场占用土地的特点是分散。除风电场升压站的建设需要大约 100m×200m 地方外，风力发电机组机位用地分散在众多"点"上，修路及输电线路用地分散在很长的"线"上。虽然风电场建设实际占用土地不多，但是所用土地覆盖的范围很广。

风电场的风机位众多，风机的施工、安装及检修范围大，决定了风电场道路是风电场建设征地的主要对象。以某风电场为例，道路用地占项目总用地面积的七成以上。由于风力发电机组的机舱、叶片、塔筒等都重达几十吨，需要使用特大型载重汽车运输及大型起重机吊装，因而，风电场建设所修的路都有足够宽的路面和比较坚实的路基。风电场建设周期很短，建成后风电场使用所修道路的概率较低，因此风电场的道路选线时优先考虑与乡村道路及田间道路相结合，这样既可改善当地的运输条件，充分发挥这些道路的作用，为新农村建设助了一臂之力，又可节省征地费用。

道路是建设风电场的先决条件，也是风电场建设占用土地的主要因素。因此合理地利用区域内的现有道路，不但可极大地减少道路用地面积的征地，同时对加快风电场建设和降低道路建设的投资起着极为有利的作用。

3. 风电机组尾流效应

风经过风电机组后将部分动能转化为机械能，再转化为电能，从而使风速降低，对后面的风电机组发电量产生影响，即尾流影响。可以利用 PARK 等软件工具，根据风电机组轮毂、风玫瑰图、韦布尔分布和地面不同方向的粗糙度，计算出风电机组间的尾流影响。通常按照以上原则布置风电机组时，风电场尾流影响使发电量减少约 5%。尾流效应如图 5-14 所示。

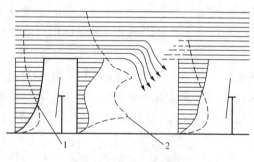

图 5-14 尾流效应示意
1—风速廓线；2—湍流强度

4. 风电场选址软件介绍

风资源分析及应用程序 WAsP（wind atlas analysis and application program），是由丹麦国家实验室（RISΦ）风能研究所开发的一种能独立对风资源进行三维分析的软件。经过多年业内资深技术研发人员的补充、完善，它已经在世界范围之内成为公认的行业基本工具软件，用于测风数据处理、风能资源分析、风场微观选址、风机及风场发电量计算、风场风能资源分布分析。

WAsP 软件的原理分两个流程：一是以实测一年的风速和风向资料为基础，剔除测风点周围障碍物、地面粗糙度及地形对风的影响，得到某一标准状况下风的分布，即生成该地区的风图谱。风图谱给出该标准状况下风速的概率分布（一般为韦伯尔分布），这是计算风功率密度和风电机组发电量的基础。二是研究风场中某特定点的风况特征，它以已有的风图谱为基础，考虑该点周围障碍物、地面粗糙度及地形对风的影响，得到该点的平均风速和平均风功率密度。如果提供某特定机型的功率曲线，WAsP 软件能计算风电机组在该点的理论年发电量。

WAsP 软件的主要特点如下：

（1）当对某地区风资源进行分析时，考虑该地区不同的地面粗糙度的影响，以及由附近建筑物或其他障碍物所引起的屏蔽因素，同时还考虑了山丘和复杂地形所引起的风气流的变化情况，从而估算出该地区在没有上述因素影响的真实的风资源情况。

（2）根据某一地点测量的风资源情况，通过考虑该地点周边实际的地势、地貌及地表的实际情况，推算出另一地点的风资源状况。

（3）在同时提供风机功率曲线、风场所处地区风能测量数据，能够准确反映风场内部和周边地势、地貌及地表实际状况的电子地图条件下，可以建立风场计算模型，完成风场微观选址、风场及风机的年度发电量估算、风机尾流影响估算，建立风场内部及周边地域风能资源分布图谱。

该软件实现的主要功能如下：

（1）风观察数据的统计分析。对实测的时间序列的风速和风向资料进行统计分析，得到风数据统计表，该统计表给出了各扇区和全年风速的风频分布。

（2）风功率密度分布图的生成。以风数据统计表为基础，剔除测风点周围障碍物、地面粗糙度及地形对风的影响，得到某一标准状况下风的分布，即风图谱。

（3）风气候评估。以已有的风图谱为基础，考虑某一点周围障碍物、地面粗糙度及地形对风的影响，通过与风谱图生成相反的计算流程，估算出该点的平均风速和平均风功率密度等风况特征。

（4）风力发电机组年发电量计算。根据风电机组功率曲线，并结合风况估算模块得出的平均风速和平均风功率密度等风况特征，计算出风电机组在该点的理论年发电量。

WAsP 可以充分估算出某一给定点的风能资源情况，对风电场选址及风力发电机组排列具有重要指导意义。但是，该软件是以特定的数学模型为基础的，因此，在复杂地形的风电场进行选址时，应尽可能地多安装测风仪，以实际测量的风数据作为风力发电机组微观选址时的主要依据。尽管如此，该软件仍是进行风能资源评估及风电场选址的有力工具，被世界各国尤其是欧洲国家普遍采用。

风力发电机组排列方式应根据当地实际情况进行确定。当验证风力发电机组排布是否合理，哪一种排布方式最理想时，可利用丹麦国家实验室继 WAsP 软件之后开发的 PARK 软件（风电场风力发电机组尾流计算及最佳排列计算软件）或 WindPro（风电场设计和优化软件）进行分析。场址及风力发电机组一旦确定，则利用 WAsP 软件的结果数据及其他有关参数作为 WindPro 的输入数据进一步分析计算，确定风力发电机组的排列方式，计算该排列方式下及其他各种不同排列方式下，各风速及各风向上每台风力发电机组的发电量及风电场总的发电量，比较各种方案，选出风力发电机组的最佳排列方案。

PARK 软件属于 WAsP 软件的附带软件，主要用于分析风电场中风电机组相互间的尾流影响。该软件模型是二维的，在使用时要求风电机组轮毂高度相同，并且地形高度基本相同，它不考虑由于地形高度的变化而影响风速变化。软件要求用户设定尾流衰减常数，该常数正常范围为 0.05～0.10，根据当地风能资源湍流强度而定。湍流强度越低，尾流衰减常数相应越小。另外，软件要求用户根据风电场开发的实际情况输入所用风电机组的功率曲线、推力系数曲线、轮毂高度和风轮直径，风电场中各台风电机组的位置，以及根据风电场实测风资料用 WAsP 软件模拟的风电机组轮毂高度的韦布尔分布参数，即各扇区的频率。输入各种参数和资料后，用户运行 PARK 软件就可以计算出风电场中各台风电机组的理论年发电量和考虑尾流影响后的年发电量。

当然，目前常用的风电场微观选址及风资源评估的软件还有很多种，这些软件各具特点：

（1）WAsP 软件是基于比较平坦的地形设计的，可以由一个测风观测塔推算周围 $100km^2$ 范围内的风能资源分布。WAsP 软件对风能资源评估适用于区域面积小、地形相对平坦地区。

（2）WindPro 软件是丹麦 EMD 公司设计的一款用于风电场选址及风资源评估的软件。考虑初选场址地形、地面粗糙度及障碍物，以及测风塔观测数据运用 WAsP 计算风电场范围内风能资源分布情形，并对风电场内风机排布进行优化选址，同时可以对风机定位工作后产生的噪声、闪烁及可视区域进行计算。WindPro 软件可以将场址附近测站长时间序列观测数据订正到场址内的观测点上。由于 WindPro 采用 WAsP 来计算风资源分布，该软件更适用于相对平坦地形上的风电场选址及风资源评估。

（3）WindSim 软件是由挪威一家公司设计的，基于计算流体力学方法对风电场选址及风资源评估的软件。WindSim 软件包括六个模块：地形处理模块、风场计算模块、风机位置模块、流场显示模块、风资源计算模块、年发电量计算模块。其中，风场计算模块适用计算流体力学商用软件 Pheonics 的结构网格解算器部分。WindSim 软件采用计算流体力学软件来模拟场址内的风场情形，可以很好地计算出相对复杂地形下的风场分布情况，因此，WindSim 软件可以用于相对复杂地形条件下的风电场选址及风资源。

第四节　风力发电机组设备的选型

一、风力发电机组结构形式选择

1. 水平轴风力发电机

水平轴风力发电机是目前国内外广泛采用的一种结构形式。主要的优点是风轮可以架设到离地面较高的地方，从而减少了由于地面扰动对风轮动态特性的影响。它的主要机械部件都在机舱中，如主轴、齿轮箱、发电机、液压系统及调向装置等。水平轴风力发电机的优点是：由于风轮架设在离地面较高的地方，随着高度的增加发电量增大；叶片角度可以调节功率调节直到顺桨（即变桨距）或采用失速调节；风轮叶片的叶型可以进行空气动力最佳设计，达最高的风能利用效率；启动风速低，可自启动。缺点是：主要机械部件在高空中安装，拆卸大型部件时不方便；与垂直轴风力机比较，叶型设计及风轮制造较为复杂；需要对风装置即调向装置，而垂直轴风力机不需要对风装置；质量大，材料消耗多，造价较高。

水平轴风力发电机组也可分为上风式和下风式两种结构形式。这两种结构的不同之处主要在于风轮在塔架前方还是在后面。丹麦、德国、荷兰、西班牙的一些风电机组制造厂家都采用水平轴上风式的机组结构形式，一些美国的厂家曾采用过下风式机组。顾名思义，对于上风式机组，风先通过风轮，然后再到达塔架，因此气流在通过风轮时因受塔架影响，要比下风式时受到的扰动小得多。上风式必须安装对风装置，因为上风式风轮在风向发生变化时，无法自动跟随风向。在小型机组上多采用尾翼、尾轮等机构，人们常将这种方式称为被动式对风偏航。现代大型风电机组多采用在计算机控制下的偏航系统，采用液压马达或伺服电动机等通过齿轮传动系统实现风电机组机舱对风，称为主动对风偏航。上风式风电机组测风点的布置常使人们感到困惑，如果布置在机舱的后面，风速、风向测量的准确性会因受到风轮旋转的影响。有人曾把测风系统装在轮毂上，但实际上也会因受到气流的扰动而无法准确地测量风轮处的风速。下风式风轮，由于塔影效应，使得叶片受到周期性的载荷变化影响，又由于风轮被动自由对风而产生陀螺力矩，这样使风轮轮毂的设计变得复杂起来。此外，由于每个叶片在塔架处通过时气流扰动，从而引起噪声。

从理论上讲，减小叶片数、提高风轮转速可以减小齿轮箱速比，降低齿轮箱的费用，叶片费用也有所降低。但采用 1 个或 2 个叶片时，动态特性降低，产生振动，为避免结构的破坏，必须在结构上采取措施，如采用跷跷板机构等；而另一个问题是当转速很高时，会产生很大的噪声。

2. 垂直轴风力发电机

过去人们利用的古老的阻力型风轮，如 Savonius 风轮、Darrieus 风轮，代表着升力型垂直轴风力机的出现。自 20 世纪 70 年代以来，有些国家又重新开始设计研制垂直轴风力发电机，一些兆瓦级垂直轴风力发电机在北美投入运行，但这种风轮的利用仍有一定的局限性。它的叶片多采用等截面的 NACA0012～18 系列的翼形，采用玻璃钢或铝材料，利用拉伸成形的办法制造而成，这种方法成本相对较低，模具容易制造。由于在整个圆周运行范围内，当叶片运行在后半周时，它非但不产生升力反而产生阻力，使得这种风轮的风能利用率低于水平轴。虽然它质量小，容易安装，且大部件如齿轮箱、发电机等都在地面上，便于维护检修，但是它无法自启动，需要电动启动，而且风轮离地面近，风能利用率低，气流受地面影响大。这种类型的风力发电机的主要制造者是美国的 FloWind 公司，在美国加州安装有近两千台这样的设备。FloWind 还设计了一种 EHD 型风轮，即将 Darrieus 叶片沿垂直方向拉长以增加驱动力矩，并使额定输出功率达到 300kW。另外还有可变几何式结构的垂直轴风力发电机，如德国的 Heideberg 和英国的 VAWT 机组，还只是在实际样机阶段，还未投入大批量商业运行。尽管这种结构可以通过改变叶片的位置来调节功率，但造价昂贵。

3. 其他类型

其他类型的风力发电机还有风道式、龙卷风式、热力式等，目前这些系统仍处于开发阶段，在大型风电场机组选型中还无法考虑，在此不再详细说明。

二、风力发电机组部件的选择

1. 风轮叶片

叶片是风力发电机组最关键的部件。它一般采用非金属材料（如玻璃钢、木材等）。风力发电机组中的叶片不像汽轮机叶片一样密封在壳体中，其外界运行条件十分恶劣，要承受高温、暴风雨（雪）、雷电、盐雾，阵（飓风）风、严寒、沙尘暴等的袭击。由于处于高空（水平轴），在旋转过程中，叶片要受重力变化的影响，以及由于地形变化引起的气流扰动的影响，因此，叶片上的受力变化十分复杂。这种动态部件的结构材料的疲劳特性，在风力发电机选择时要格外慎重考虑。当风力达到风力发电机组设计的额定风速时，在风轮上就要采取措施以保证风力发电机的输出功率不会超过允许值。这里有两种常用的功率调节方式，即变桨距和失速调节。

变桨距风力机是指整个叶片绕叶片中心轴旋转，使叶片攻角在一定范围（一般 $0°\sim90°$）内变化，以便调节输出功率不超过设计容许值。在机组出现故障时，需要紧急停机，一般应先使叶片顺桨，这样机组结构中受力小，可以保证机组运行的安全可靠性。变桨距叶片一般叶宽小，叶片轻，机头质量比失速机组小，不需要很大的刹车，启动性能好。在低空气密度地区仍可达到额定功率，在额定风速之后，输出功率可保持相对稳定，保证较高的发电量。但由于增加了一套变桨距机构，增加了故障发生的概率，而且处理变桨机构中叶片轴承故障难度大。变桨机组比较适于高原空气密度低的地区运行，避免了当失速机安装角确定后，有可能夏季发电低而冬季又超发的问题。变桨机组适合额定风速以上的风速较多的地区，这样发电量的提高比较显著。上述特点应在机组选择时加以考虑。

确切地说，定桨距应该是固定桨距失速调节式，即机组在安装时根据当地风资源情况，确定一个桨距角度（一般 $-4°\sim4°$），按照这个角度安装叶片。风轮在运行时叶片的角度就不再改变了，当然如果感到发电量明显减小或经常过功率，可以随时进行叶片角度调整。定桨距风力机一般装有叶尖刹车系统，当风力发电机需要停机时，叶尖刹车打开，当风轮在叶尖（气动）刹车的作用下转速低到一定程度时，再由机械刹车使风轮刹住到静止。当然也有极少数的风力发电机没有叶尖刹车，但要求有较昂贵的低速轴刹车，以保证机组的安全运行。定桨距失速式风力发电机组的优点是轮毂和叶根部件没有结构运动部件，费用低，因此控制系统不必设置一套程序来判断控制变桨距过程。在失速的过程中功率的波动小；但这种结构也存在一些先天的问题，在叶片设计制造中，由于定桨距失速叶宽大，机组动态载荷增加，要求一套叶尖刹车系统，在空气密度变化大的地区，在不同季节，输出功率变化很大。综上所述，两种功率调节方式各有优缺点，适应范围和地区不同，在风电场风电机组选择时，应充分考虑不同机组的特点及当地风资源情况，以保证安装的机组达到最佳的出力效果。

2. 齿轮箱

齿轮箱是联系风轮与发电机之间的桥梁。为减少使用更昂贵的齿轮箱，应提高风轮的转速，减小齿轮箱的增速比。但实际中由于结构限制，叶片数不能太少，从结构平衡等特性来考虑，还是选择三叶片比较好。目前风电机组齿轮箱的结构（见图 5-15）有两种：一是二级斜齿；二是斜齿加行星齿轮结构。二级斜齿传动是风电机组中常采用的齿轮箱结构之一。这种结构简单，可采用通用先进的齿轮箱，与专门设计的齿轮箱比，可以降低价格。在这种结构中，轴之间存在距离，与发电机轴是不同轴的。由于斜齿增速轴要平移一定距离，机舱由此而变宽。采用斜齿加行星齿轮结构，由于行星齿轮结构紧凑，比相同变比的斜齿价格低一些，效率在变比相同时要高一些。在变桨机组中常考虑液压轴（控制变桨距）的穿过，因此采用二级行星齿轮加一级斜齿增速，使变桨轴从行星轮中心通过。

根据前面所述，为避免齿轮箱价格太高，因此升速比要尽量小，但实际上风轮转速为 $20\sim30\text{r/min}$，发电机转速为 1500r/min，那么升速比应为 $50\sim75$。风轮转速受到叶尖速度不能太高的限制，以避免太高的叶尖噪声。

齿轮箱在运行中由于要承担动力的传递，会产生热量，这就需要良好的润滑和冷却系统，以保证齿轮箱的良好运行。如果润滑方式和润滑剂选择不当时，润滑系统失效就会损坏齿面或

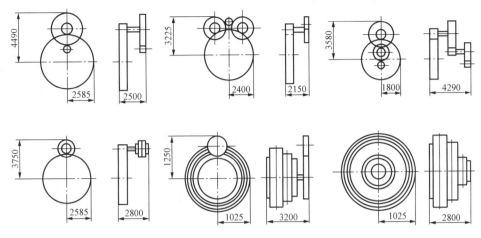

图 5-15　齿轮箱结构

轴承。冷却系统应能有效地将齿轮动力传输过程中发出的热量散发到空气中去。在运行中还应监视轴承的温度，一旦轴承的温度超过设定值，就应该及时报警停机，以避免更大的损坏。当然在冬季如果天气长期处于 0℃ 以下时，应考虑给齿轮箱的润滑油加热，以保证润滑油不至于在低温黏度变低时无法飞溅到高速轴轴承上进行润滑，进而造成高速轴轴承损坏。

3. 发电机

风电场中有以下几种类型的发电机可供选择：异步发电机、同步发电机、双馈异步发电机、低速永磁发电机。

4. 无功补偿装置

由于异步机并网需要无功，如果全部由电网提供，无疑对风电场经济运行不利。因此，目前绝大部分风电机组中带有无功补偿装置，一般无功补偿装置容量是根据风电机组容量大小来确定，根据发电机功率的多少来调节，以便功率因数向 1 趋近。根据上面的论述可以看出，在风电机组选型时，发电机选择应考虑以下原则：一是考虑高效率、高性能的同时，应充分考虑结构简单和高可靠性；二是在选型时应充分考虑质量、性能、品牌和价格，以便在发电机组损坏时修理，以及在机组国产化时减少费用。

无功补偿装置用于改善电网的功率因数，有以下 3 类：

（1）同步调相机：同步调相机无功输出可连续控制、灵活调节无功数值，具有精度高、无差调节、跟踪速度快（能抑制闪变或冲击）、补偿范围广（容性、感性均可）、故障率低等优点，受系统电压影响小，具备瞬时无功支撑和很强的短时过载能力，易于提高系统稳定性；但也存在有功功率损耗较大、运行噪声较高、运行维护复杂、小容量调相机单位容量投入费用较高等缺点，宜作为大容量集中补偿装置，通常容量大于 10Mvar，多装设在枢纽变电站、HVDC 换流站。

（2）静止式无功补偿装置 SVC：国际上将 SVC 定义为 7 个子类：①机械投切电容器（MSC）；②机械投切电抗器（MSR）；③自饱和电抗器（SR）；④晶闸管控制电抗器（TCR）；⑤晶闸管投切电容器（TSC）；⑥晶闸管投切电抗器（TSR）；⑦自换向或电网换向转换器（SCC/LCC）。

（3）静止式动态无功补偿装置 SVG。这是一种近年开发应用的有源无功补偿装置，具有快速动态补偿、补偿精度高、对谐波电流进行跟踪补偿、节能等优点。

5. 塔架

塔架主要分为钢筒式和桁架式，介绍见第四章第一节。

钢筒式塔架主要有全钢柔性塔和钢混塔两种：全钢柔性塔安装方便，但钢混塔具备同等寿命的同时，具有造价低、共振频率高、摆幅小、抗腐蚀性强等优势，预制式钢混塔施工周期与柔性塔接近，更适合环境复杂地区，应用范围广泛。

国外引进机组及国产机组绝大多数采用钢筒式结构。钢筒材料多采用 Q235D 板焊接而成，法兰要求采用 Q345 板（或 Q235D 冲压）以提高层间抗剪切力。从塔架底部到塔顶，壁厚逐步减小，如 6、8、12mm。从上到下采用 5′的锥度，因此钢筒上每块钢板都要计算好尺寸再下料。在塔架的整个生产过程中，对焊接的要求很高，要保证法兰的平面度及整个钢筒的同心度。

桁架式是采用类似电力塔的结构形式，多采用 16Mn 钢材料的角钢结构（热镀锌），螺栓多采用高强型（10.9 级）。

塔架的选型原则应充分考虑外形美观、刚性好、便于维护、冬季登塔条件好等因素（特别在中国北方）。当然在特定的环境下，还要考虑运输和价格等问题。

6. 控制系统

控制系统总的功能和要求是保证机组运行的安全可靠。通过测试各部位的状态和数据，来判断整个系统的状况是否良好，并通过显示和数据远传，将机组的各类信息及时准确地报告给运行人员。帮助运行人员追忆现场，诊断故障原因，记录发电数据，实施远方复位，启停机组。

控制系统的功能包括以下几方面：一是运行功能，保证机组正常运行的一切要求，如启动、停机、偏航、刹车、变桨距；二是保护功能，如超速保护、发电机超温、齿轮箱（油、轴承）超温、机组振动、大风停机、电网故障、外界温度太低、接地保护、操作保护等；三是记录功能，如记录动作过程（状态）、故障发生情况（时间、统计）、发电量（日、月、年）、闪烁文件记录（追忆）、功率曲线等；四是显示功能，如显示瞬时平均风速、瞬时风向、偏航方向、机舱方位，平均功率、累计发电量，发电机转子温度，主轴、齿轮箱发电机轴承温度，双速异步发电机、大小发电机状态，刹车状态，泵油、油压、通风状况，机组状态、功率因数、电网电压、输出电流（三相）、风轮转速、发电机转速、机组振动水平，外界温度、日期、时间、可用率等；五是控制功能，如偏航、机组启停、泵油控制、远传控制等；六是试验功能，如超速试验、停机试验、功率曲线试验等。

三、风电场集电线路布置方式的选择

风电场集电线路布置方式有三种：全直埋电缆、全架空线路和电缆架空线混合。

风电场集电线路布置方式的选择一般按照四个方面因素考虑：设计可靠度、施工难易程度、经济技术比较、运行维护和检修便利性。

(1) 集电线路优先考虑架空形式，如果场区为风景保护区、大风、大雾、重冰区、架设难度大或走廊受限制区域等建议采用直埋电缆形式。

(2) 考虑风场的规模、近远期机位分布、地形地貌特征、升压站的位置、施工及运行的便利等条件，对整个风场进行集电线路回路规划和经济技术优化比较。

(3) 尽量避开微地形、微气象地带；避开不良地质及易冲刷地带，避开航空和航海（海上风电）区域。

（4）与风场道路专业紧密配合，尽量借用场区道路，同时避免相互冲突。

（5）考虑基本农田、避开名胜古迹、公益林等占用。

四、防雷接地系统组成

风力发电场防雷接地系统的性能直接决定着风力发电机组和所属电气设备的安全稳定运行，由避雷接引线、避雷下引线、接地网、接地桩、避雷器、过电压保护器等组成。

雷电主要划分为直击雷和感应雷。雷电主要会造成风电机组系统如电气、控制、通信系统及叶片的损坏。雷电直击会造成叶片开裂和孔洞、通信及控制系统芯片烧损。

目前，国内外各风电机组厂家及部件生产厂，都在其产品上增加了雷电保护系统。如叶尖预埋导体网（铜），至少 $50 1T II - 2$ 铜导体向下传导。通过机舱上高出测风仪的铜棒，起到避雷针的作用，保护测风仪不受雷击；通过机舱到塔架良好的导电性，雷电从叶片、轮毂到机舱塔架导入大地，避免其他机械设备如齿轮箱、轴承等的损坏。

在基础施工中，沿地基安装铜导体（或镀锌扁钢导体），沿地基周围（放射 10m）1m 的埋设，以降低接地电阻；或者采用多点铜棒（镀锌钢管或镀锌角钢）垂直打入深层地下的做法减少接地电阻，满足接地电阻小于 4Ω 的标准。

此外，风电场地处土壤高电阻率区域时，还可采用降阻剂的方法有效降低接地电阻。如无法达到接地网阻值要求，可采用增加接地网辐射面积或外接附近可靠接地体，降低接地电阻值；应每年对接地电阻进行检测；应采用屏蔽系统以及光电转换系统对通信远传系统进行保护；电源采用隔离型，并在变压器周围同样采取防雷接地网及过电压保护。

五、风力发电机组选型的原则

1. 对质量认证体系的要求

风力发电机组选型中最重要的一个方面是质量认证，这是保证风电场机组正常运行及维护最根本的保障体系。风电机组制造都必须具备 ISO 9000 系列质量保证体系的认证。

国际上开展认证的部门有 DNV、Lloyd 等，参与或得到授权进行审批和认证的试验机构有丹麦 Risoe 国家实验室、德国风能研究所（DEWI）、德国 Wind Test、KWK、荷兰 ECN 等。目前国内正由中国船级社（CCS）组织建立中国风电质量认证体系。

风力发电机组的认证体系中包括型号认证（审批）。例如，丹麦在对批量生产的风电机组进行型号审批中包括 A、B、C 三个等级。A 级，所有部件的负载、强度和使用寿命的计算说明书或测试文件必须齐备，不允许缺少，不允许采用非标准件，认证有效期为一年，由基于 ISO 9000 标准的总体认证组成。B 级，认证基于 ISO 9002 标准，安全和维护方面的要求与 A 级形式认证相同，而不影响基本安全的文件可以列表并可以使用非标准件。C 级，认证是专门用于试验和示范样机的，只认证安全性，不对质量和发电量进行认证。

类型认证包括四个部分：设计评估、形式认可、制造质量和特性试验。

2. 对机组功率曲线的要求

功率曲线是反映风力发电机组发电输出性能好坏的最主要的曲线之一，一般有两条功率曲线由厂家提供给用户：一条是理论（设计）功率曲线，另一条是实测功率曲线（通常是由公正的第三方即风电测试机构测得的，如 Lloyd、Risoe 等机构）。国际电工组织（IEC）颁布实施了 IEC 61400 - 12 功率性能试验的功率曲线的测试标准。这个标准对如何测试标准的功率曲线有明确的规定。

3. 对机组制造厂家业绩考查

业绩是评判一个风电制造企业水平的重要指标之一，主要以其销售的风电机组数量来评价一个企业的业绩好坏。世界上某一种机型的风力发电机，用户的反应直接反映该厂家的业绩。当然人们还常常以风电制造企业所建立的年限来说明该厂家生产的经验，并作为评判该企业业绩的重要指标之一。当今世界上主要的几家风电机组制造厂的主要机型产品产量都已超过几百台甚至几千台，如 600kW 机组。但各厂家都在不断开发更大容量的机型，如兆瓦级风电机组。新机型在采用了大量新技术的同时充分吸收了过去几种机型在运行中成功与失败的经验，在技术上更趋成熟，但从业绩上来看，生产产量很有限。该机型的发电特性好坏及可利用率（即反映出该机型的故障情况）还无法在较短的时间内充分表现出来。

4. 对特定条件的要求

一些风电场因其自身的特点，需要考虑对一些特定条件的要求。

（1）低温要求。在中国北方地区，冬季气温很低，一些风场极端（短时）最低气温达到 -40℃以下，而风力发电机组的设计最低运行气温为 -20℃，个别低温型风力发电机组最低可达到 -30℃。如果长时间在低温下运行，将损坏风力发电机组中的叶片等部件。一些厂家近几年推出特殊设计的耐低温叶片，主要原因是叶片复合材料在低温下其机械特性会发生变化，即变脆，这样很容易在机组正常振动条件下出现裂纹而产生破坏。其他部件（如齿轮箱、发电机，以及机舱、传感器）在低温下都应采取保护措施。齿轮箱的加温是因为当风速较长时间很低或停风时，齿轮油会因气温太低而变得很稠，尤其是采取飞溅润滑部位的方式，部件无法得到充分润滑，导致齿轮或轴承缺乏润滑而损坏。另外，当冬季低温运行时还会有其他一些问题，例如雾凇、结冰等。这些雾凇、霜或结冰如果发生在叶片上，将会改变叶片气动外形，影响叶片上气流流动而产生畸变，进而影响失速特性，使出力难以达到相应风速时的功率而造成停机，甚至造成机械振动而停机。如果机舱温度也很低，那么管路中润滑油也会发生流动不畅的问题。这样当齿轮箱油不能通过管路到达散热器时，齿轮箱油温会不断上升直至停机。冬季除了在叶片上挂霜或结冰之外，有时传感器（如风速计）也会发生结冰现象。综上所述，在中国北方冬季寒冷地区，风电机组运行应考虑：应对齿轮箱油加热；应对机舱内部加热；传感器如风速计应采取加热措施；应采用低温型叶片；控制柜内应加热；所有润滑油、润滑脂应考虑其低温特性。

（2）机组防雷要求。由于机组安装在野外，安装高度高，因此对雷电应采取防范措施，以便对风电机组加以保护。具体内容参照本节防雷接地系统组成。

（3）电网条件的要求。中国风电场多数处于大电网的末端，接入到 35kV 或 110kV 线路。若三相电压不平衡，电压过高或过低都会影响风电机组运行。风电机组厂家一般要求电网的三相不平衡误差不大于 5%，电压上限 +10%，电压下限不超过 -15%（有的厂家为 -10%~$+6$%）；否则经一定时间后，机组将停止运行。

（4）防腐要求。中国东南沿海风电场大多位于海滨或海岛上，海上的盐雾腐蚀相当严重，因此防腐十分重要。主要是电化学反应造成的腐蚀，这些部位包括法兰、螺栓、塔筒等。这些部件应采用热镀锌或喷锌等办法保证金属表面不被腐蚀。

5. 对技术服务与技术保障的要求

风力发电设备供应商向客户（风电场或个人购买者），除了提供设备之外，还应提供技术服务、技术培训和技术保障。

一是保修期。在双方签订的技术合同和商务合同之中应明确保修期的开始之日与结束之日，一般保修期应为两年及以上。在这两年内厂家应提供以下技术服务和保障项目：两年5次的维护（免费），即每半年一次；如果部件或整机在保修期内损坏（由于厂家质量问题），由厂家免费提供新的部件（包括整机）；如果由于厂家质量事故造成风电机组拥有者发电量的损失，由厂家负责赔偿；如果厂家给出的功率曲线是所谓保证功率曲线，实际运行未能达到，用户有权向厂家提出发电量索赔要求；保修期厂家应免费向用户提供技术帮助，解答运行人员遇到的问题；保修期内维护时使用的风场的备品备件及消耗品（如润滑油、润滑脂），厂家应及时补充。

二是技术服务与培训。在风力发电机组到达风电场后，厂家应派人负责开箱检查，派有经验的工程监理人员免费负责塔筒的加工监理，安装指导监理、调试和验收；应保证在10年内用户仍能从厂家获得优惠价格和条件的备件；用户应得到充分翔实的技术资料，例如机械、电气的安装、运行、验收维护手册等；应向用户提供2周以上的由风电场技术人员参加的关于风电机组运行维护的技术培训（若是国外进口机组，应在国外培训），并在现场风电机组安装调试时进行培训。

思考与拓展

通过以上学习，我们明白多少呢？请跟着我一起来拓展吧！

1. 风电场有哪些类型呢？对一个你熟悉或者了解的风电场进行说明吧。

2. 风电场组成包括哪些部分呢？介绍一下你了解或熟悉的风电场吧。

3. 风电场的选址有何考量呢？就其中一个你关注的因素进行说明吧。

4. 风电设备的选型原则你是怎样看待的？就你了解的某个风电场，介绍一下其设备有什么特殊条件和要求。

赶紧行动吧！

异步双馈风力发电机的原理及运行

第六章

第六章数字资源

风力发电机分为异步型和同步型。异步双馈风力发电机是一种绕线式感应发电机，定子和转子均可发电馈网，通过对转子电流的控制使发电机定子在不同转速时输出恒频交流电直接馈网，转子通过变流器馈网。随着我国风电机组容量的飞速增长，从发电机与电网相互作用的一体化角度进行风电技术的研究和开发，已成为我国风电技术进步和高性能风电产品研发的关键，具有广阔的应用前景。📱动画34

第一节　概　　述

　　风力发电包含了由风能到机械能和由机械能到电能的两个能量转换过程。风轮在风力的作用下转动，将吸收到的动能转化为机械能，再通过发电机将机械能转化为电能，产生的电能通过塔筒中的电缆或者母线槽传送下来。发电机系统作为整个风力发电机中的一个关键部件，上接齿轮箱下连变频器，因此对发电机部分的维护要考虑由输入端到输出端的所有连接部件，例如轴承润滑、转子滑环、编码器信号传输、定子转子电流电压对称等，其中任何一个小部分出现问题都会导致整个电控系统的故障。风能具有波动性，而电网要求稳定的并网电压和频率，风力发电机组通过机械和电气控制可以有效地解决这一问题，实现能量的转换，向电网输出满足要求的电能。因此，选择适合风能转换、运行可靠、效率高、供电性良好和便于控制的发电机是风力发电的重要环节。

　　风电机组按发电机类型可分为鼠笼式、双馈式、同步永磁式及其他新型电机。如图 6 - 1 所示为金风科技 1.5MW 直驱机组（同步电机）结构示意，如图 6 - 2 所示为带高速齿轮箱的双馈感应发电机机组结构示意，如图 6 - 3 所示为 3MW 半直驱型机组（异步电机）结构示意。

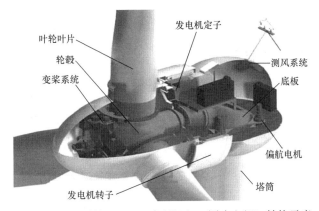

图6 - 1　金风科技 1.5MW 直驱机组（同步电机）结构示意

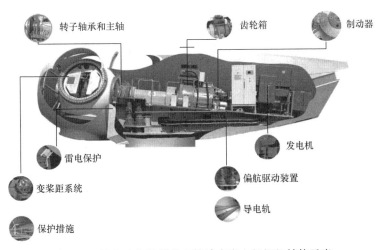

图 6 - 2　带高速齿轮箱的双馈感应发电机机组结构示意

一、交流电机的分类

交流电机是用于实现机械能和交流电能相互转换的驱动设备。交流电机结构简单，制造方便，比较牢固，容易做成高转速、高电压、大电流、大容量的电机。交流电机功率的覆盖范围很大，从几瓦到几十万千瓦甚至上百万千瓦。交流电机按功能分为同步电机和异步电机两大类，如图6-4所示。

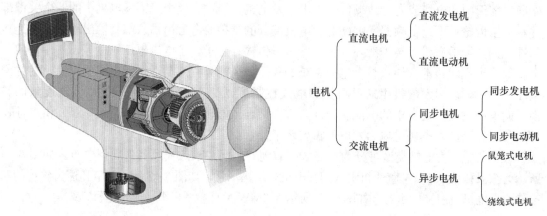

图6-3　3MW半直驱型机组（异步电机）结构示意　　　　图6-4　交流电机的分类

二、同步电机与异步电机的应用

同步电机可用来作为发电机和电动机使用，其中，同步电机的转速与所接电网的频率之间存在着严格不变的关系。异步电机主要作为电动机使用，广泛用于工农业生产、家用电器及航天、计算机等高科技领域。异步电机也可以作为发电机使用，例如小型水电站、风力发电机机组等。

异步电机具有结构简单、运行可靠、制造容易、价格低廉、坚固耐用、效率高、工作特性好、日常维护量小等优点；缺点是它必须从电网吸收滞后的无功功率。虽然异步电机的变频调速已广泛使用，但在电网负载中，异步电机所占的比重较大，这个滞后的无功功率对电网是一个相当重的负担，它增加了线路损耗，妨碍了有功功率的输出。在负载要求电机单机容量较大而电网功率因数又较低的情况下，最好采用同步电机来拖动。

异步电机定子相数有单相、三相两类。三相异步电机转子结构有鼠笼式和绕线式两种，单相异步电机转子都是鼠笼式的。异步电机的定子绕组由电源供给励磁电流，建立磁场，由于电磁感应的作用，使转子绕组感生电流，产生电磁转矩，实现机电能量转换。因其转子电流是由电磁感应作用而产生的，所以也称为感应电机。

第二节　异步电机的基本结构与原理

一、三相异步电机的基本结构

三相异步电机的基本结构是相同的，主要由固定不动的定子和旋转的转子这两大基本部分组成，在定子和转子之间具有一定的气隙，定子两端有端盖支撑转子。如图6-5所示为封闭式三相鼠笼式异步电机整体外观，如图6-6所示为三相鼠笼式异步电机剖面。

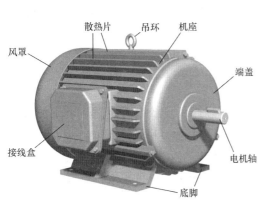

图 6-5　三相鼠笼式异步电机整机外观

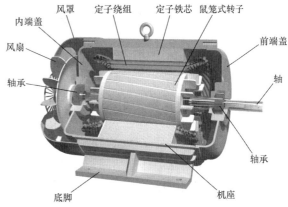

图 6-6　三相鼠笼式异步电机剖面

（一）定子部分

三相异步电机的定子主要由定子铁芯、定子绕组和机座等构成。

1. 定子铁芯和定子绕组

定子铁芯是电机磁路的一部分，并要放置定子绕组。为了减少交变磁场在铁芯中引起的损耗，一般用片间绝缘厚约 0.5mm、导磁性能较好的硅钢片叠压而成。定子铁芯与绕组示意如图 6-7 所示。定子绕组是电机的电路部分，它嵌放在定子铁芯的内圆槽内，通过电流建立磁场，并感应电动势以实现机电能量转换。另外，槽口的绕组线圈边还需用槽楔固定。三相绕组的 6 个出线端都引至接线盒上，首端分别为 U1、V1、W1，尾端分别为 U2、V2、W2。为了接线方便，这 6 个出线端在接线板上的排列如图 6-8 所示，根据需要可接成星形或三角形。

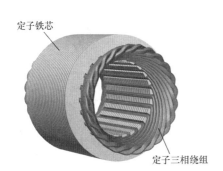

图 6-7　定子铁芯与绕组

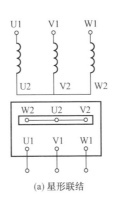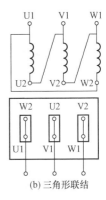

(a) 星形联结　　　　(b) 三角形联结

图 6-8　定子绕组的联结

2. 机座

机座的主要作用是固定和支撑定子铁芯及端盖，承受运行时产生的反作用力，同时也是内部损耗热量的散发途径。因此，机座应有较好的机械强度和刚度。在中小型电机中，端盖兼有轴承座的作用，机座还要支撑电机的转子部分，故中小型电机一般采用铸铁机座，大型异步电机采用钢板焊接机座。对于封闭式中小型异步电机，机座表面有散热筋片以增加散热面积，使紧贴在机座内壁上的定子铁耗和铜耗产生的热量通过机座表面加快散热。对于大型的异步电机，机座内壁与定子铁芯之间隔开一定距离作为冷却空气的通道，因而不需要散热筋。

（二）转子部分

三相异步电机的转子主要由转轴、转子铁芯和转子绕组等构成。

1. 转子铁芯和转轴

转子铁芯是电机磁路的一部分，一般也用 0.5mm 厚的硅钢片叠压而成，转子铁芯叠片冲有嵌放绕组的槽，转子铁芯一般都直接固定在转轴上，而大型三相异步电机的转子铁芯是套在转子支架上，然后让支架固定在转轴上。转轴起支撑转子铁芯和输出机械转矩的作用，它必须具有足够的刚度和强度。转轴一般用中碳钢切削加工而成，轴伸出端铣有键槽，用来固定带轮或联轴器。

2. 转子绕组

转子绕组的作用是感应电动势、流过电流和产生电磁转矩。根据转子绕组的结构形式，异步电机分为鼠笼式转子绕组和绕线式转子绕组两种。

（1）鼠笼式转子绕组。鼠笼式转子绕组是在转子铁芯的每个槽内放入一根导体，在伸出铁芯的两端分别用两个导电端环把所有的导条连接起来，形成一个自行闭合的短路绕组。如果去掉铁芯，剩下来的绕组形状就像一个松鼠笼子，所以称之为鼠笼式绕组，如图 6 - 9 所示。对于中小型三相异步电机，鼠笼转子绕组一般采用铸铝的方法，把转子导条和端环、风扇叶片用铝液一次浇铸而成，称为铸铝转子。如图 6 - 10 所示为转子铁芯铝鼠笼结构示意。也有用铜条焊接在两个铜端环上的铜条鼠笼式绕组。在转子铁芯的每一个槽中插入一根铜条，在铜条两端各用一个铜环（称为端环），把导条连接起来，这称为铜排转子。实际中鼠笼式转子铁芯槽沿轴向是斜的，导致导条也是斜的，这主要是为了削弱由于定、转子开槽引起的齿谐波，以改善鼠笼式电机的启动性能。

图 6 - 9 鼠笼式转子绕组
结构示意

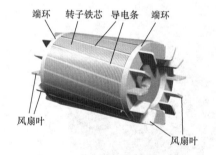

图 6 - 10 转子铁芯鼠笼
结构示意

（2）绕线式转子绕组。绕线式转子绕组也是一个三相绕组，一般接成星形，三根引出线分别接到转轴上的三个与转轴绝缘的集电环上，通过电刷装置与外电路相连。这就有可能在转子电路中串接电阻以改善电机的运行性能。如图 6 - 11 所示为绕线式转子，如图 6 - 12 所示为绕线式转子结构示意。

（三）气隙

异步电机的气隙是均匀的，而且异步电机定子、转子之间气隙很小。异步电机的励磁电流是由电网供给的，属无功性质。气隙越大励磁电流就越大，直接影响电网的功率因数。因此，异步电机的气隙大小为机械条件所能允许达到的最小数值，中小型异步电机的气隙一般为 0.2～0.5mm。

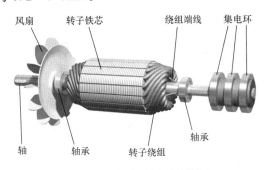

图 6-11　绕线式转子结构图

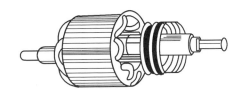

图 6-12　绕线式转子外形示意

二、异步电机的基本工作原理

（一）发电机基本原理 📱动画35

电磁感应原理是发电机最基本的工作原理。如图 6-13 所示，取一根直导体，导体在磁场中做切割磁感应线的运动时，导体中就会产生感应电动势。这是因为导体在磁场内做切割磁感应线运动时，导体的正电荷、自由电子将以同样的速度在磁场内运

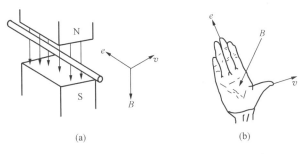

图 6-13　电磁感应和电势方向的右手定则

动，磁场对运动电荷产生作用力，因此正电荷由导体一端移向另一端，自由电子则以与正电荷相反的方向在导体上移动。结果导体一端聚集了电子而带负电，另一端少了电子而带正电，两端产生一定的电位差，即导体中产生感应电动势（相当于发电机处于匀速运转状态）。当接通外电路时，电路中便会形成感应电流（相当于发电机处于运转供电状态）。发电机就是应用这种电磁效应原理进行工作的。

1. 电磁感应定理

在磁场中运动的导体将会感应电动势，若磁场、导体和导体的运动方向三者互相垂直，则作用在导体中的感应电动势大小为

$$e = BLv \tag{6-1}$$

式中　e——感应电动势，V；

　　　B——磁场的磁感应，Wb/m^2；

　　　L——导体有效长度，m；

　　　v——导体运动速度，m/s。

直导体中感应电动势 e 的大小与磁感应强度 B、导体运动速度 v 及导体有效长度 L 成正比。感应电动势的方向可由右手定则来确定：将右手掌放平，大拇指与四指垂直，以掌心迎向磁感应线，大拇指指向导体运动的方向，则四指的方向便是感应电动势的方向。当导体运动的方向与磁场方向平行时，导体中不产生感应电动势。

2. 电磁力定律

在匀强磁场中，若载流直导线与磁感应强度 B 方向垂直、导体的有效长度为 L，流过导体的电流为 i，载流导线所受的力为 f，则作用在导体上的电磁力大小为

$$f = BiL \qquad (6-2)$$

安培力的方向由左手定则确定，图 6-14 表示了 f、B 与 i 三者之间的方向关系。

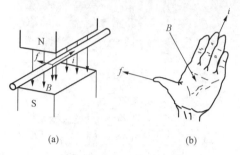

(a)　　　　　　　　(b)

图 6-14　电磁感应、力的方向及左手定则

3. 正弦交流电动势的产生　🎬动画36

如图 6-15 所示为产生正弦交流电动势的简单发电机示意。

在交流发电机的定子上放着三个完全相同的、彼此相隔 120° 的独立绕组 A—X、B—Y、C—Z。当转子在正弦分布的磁场中以恒定速度旋转时，就可以产生三个独立的对称三相电动势 E_A、E_B、E_C。这种旋转产生三个相互独立、相互分离的交流电。随着电流源源不断地流过线圈，产生相互之间相位差 120° 的三相交流电。

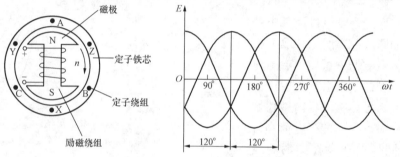

图 6-15　产生正弦交流电动势的简单发电机示意

转子的磁场在定子线圈内感应出交流电，该交流电的频率就等于转子旋转的频率。我们把各电动势的大小变化用图形来表示就可以画出交流电的波形来。这种按正弦曲线变化的电流（或电动势）称为正弦交流电。

（二）异步电机的工作原理

当异步电机定子绕组接到三相电源上时，定子绕组中将流过三相对称电流，气隙中将产生旋转磁场，旋转磁场的转速称为同步转速 n_1，其取决于电网频率 f_1 和绕组的极对数 P，单位为 r/min。

$$n_1 = \frac{60 f_1}{P} \qquad (6-3)$$

转子绕组在旋转磁场的作用下，因电磁感应作用产生感应电动势并产生相应的感应电流，该电流与气隙中的旋转磁场相互作用而产生电磁转矩。由于这种电磁转矩的性质与转速大小相关，下面将分三个不同的转速范围来进行讨论。

为了描述转速，引入转差率的概念。转差率为同步转速 n_1 与转子转速 n 之差对同步转速 n_1 的比值，以 S 表示，即

$$S = \frac{n_1 - n}{n_1} \qquad (6-4)$$

当异步电机的负载发生变化时，转子的转差率随之变化，使得转子导体的电动势、电流和电磁转矩发生相应的变化，因此异步电机转速随负载的变化而变动。按转差率的正负、大小，异步电机可分为电动机、发电机、电磁制动三种运行状态，如图6-16所示，图中 n_1 为旋转磁场同步转速，

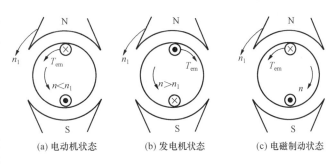

图 6 - 16　异步电机转速随负载的变化

并用旋转磁极来等效旋转磁场，2 个小圆圈表示一个短路线圈。

1. 电动机状态 　🔲动画37

如果给转子加上机械负荷，转子转速就会慢下来，而定子磁链总是以同步的速度旋转，此时 $0<n<n_1$，即 $0<S<1$ 时，如图 6-16（a）所示，转子中导体以与 n 相反的方向切割旋转磁场，导体中将产生感应电动势和感应电流，该电流（N 极下为 $\otimes$）与气隙中磁场相互作用而产生一个与转子转向同方向的电磁力矩，即拖动性质的力矩，该力矩能克服负载制动力矩而拖动转子旋转，从轴上输出机械功率。根据功率平衡，该电机一定从电网吸收有功电功率，电机处于电动机状态。

2. 发电机状态

如果转子与风力机相连，通过升连齿轮驱动转子转速超过其同步转速，即 $n>n_1$，$S<0$，如图 6-16（b）所示。转子上导体切割旋转磁场的方向与电动机状态时相反，从而导体上感应电动势、电流的方向与电动机状态相反，电磁转矩的方向与转子转向相反，电磁转矩为制动性质。此时异步电机通过转轴从原动机输入机械功率，扣除了电机自身的各种损耗后，转化为电功率，传送给连接在定子端的负荷，如果电机与电网相连，由定子向电网输出电功率（电流方向为 $\odot$，与电动机状态相反），电机处于发电机状态。

3. 电磁制动状态

由于机械负载或其他外因，转子逆着旋转磁场的方向旋转，即 $n<0$，$S>1$，如图 6-16（c）所示。此时转子导体中的感应电动势、电流与在电动机状态下的相同。但由于转子转向与旋转磁场方向相反，电磁转矩表现为制动转矩，此时电机运行于电磁制动状态，即由转轴从原动机输入机械功率的同时，又从电网吸收电功率（因电流与电动机状态同方向），两者都变成了电机内部的损耗。

异步发电机转子上不需要同步发电机的直流励磁，并网时机组调速的要求也不像同步发电机那么严格，与同步发电机相比，具有结构简单、制造、使用和维护方便，运行可靠及质量轻、成本低等优点。异步发电机的缺点是功率因数较差，其并网运行时，必须从电网里吸收落后性的无功功率，它的功率因数总是小于 1。异步发电机只具有有功功率的调节能力，不具备无功功率的调节能力。

（三）电机的铭牌数据

1. 异步电机的型号

异步电机的型号主要包括产品代号、设计序号、规格代号和特殊环境代号等。产品代号表示电机的类型，用大写的汉语拼音字母表示。例如，Y 表示异步电机，YR 表示绕线式异步电

机等。设计序号是指电机产品设计的顺序，用阿拉伯数字表示。规格代号是用中心高、铁芯外径、机座号、机座长度（M 表示中机座、L 表示长机座、S 表示短机座等）、铁芯长度、功率、转速或极数表示。下面举例说明发电机型号的含义（见图 6 - 17）。

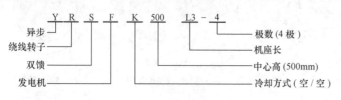

图 6 - 17　发电机型号

2. 额定值

额定值是制造厂按照国家标准，根据电机设计和试验对电机在额定工作条件下规定的量值。

三相异步电机的机座上有一个铭牌，上面标注着电机正常运行状态下的额定数据，即额定值。

（1）额定电压。额定电压是指电机在额定状态下运行时，允许加在定子绕组两端的线电压值，常用 U_N 表示，单位为 V 或 kV。

（2）额定电流。额定电流是指电机在额定状态下运行时，定子绕组中允许通过的线电流值，常用 I_N 表示，单位为 A。

（3）额定功率。额定功率是指电机在额定运行时，输出的功率，常用 P_N 表示，单位为 W 或 kW。

（4）额定效率。额定效率是指电机在额定状态下运行时，额定输出功率 P_2 与额定输入功率 P_1 的比值，用 η_N 表示，即

$$\eta_N = P_2/P_1 \times 100\% = P_2/\sqrt{3}U_N I_N \cos\varphi \times 100\% \qquad (6 - 5)$$

式中　$\cos\varphi$——功率因数。

（5）额定频率。额定频率是指电机所接交流电源的频率，常用 f_N 表示，单位为 Hz。我国电网的频率为 50Hz。

（6）额定转速。额定转速是指电机在额定状态下运行时的转子转速，常用 n_N 表示，单位为 r/min。

（7）工作方式。电机一般有三种工作方式，即 S1（连续工作制）、S2（短时工作制）和 S3（断续周期工作制）。

（8）绝缘等级。电机允许达到的最高温度是由电机使用绝缘材料的耐热程度决定的，绝缘材料的耐热程度称为绝缘等级。不同的绝缘材料，其最高允许的温度是不同的，电机中常用的绝缘材料分为五个等级：A、E、B、F、H。其中，A 级绝缘材料耐热程度最差，H 级绝缘材料耐热程度最强。

（9）防护等级。IP 为国际防护的缩写。IP 后面第一位数字代表第一种防护形式（防尘）的等级，共分为七个等级。第二位数字代表第二种防护形式（防水）的等级，共分为九个等级。数字越大，表示防护的能力越强。

例：以 Leroy Somer 850 kW - 690V - 50Hz Type LKE 3 风力发电机铭牌为例，发电机主要参数的意义如下：

发动机型号：带转子绕组的三相异步发电机。

制造商及型号：Leroy Somer FLSB 400LKE3。

结构尺寸：400。

防护等级：IP54。

冷却系统：风扇表面冷却（IC418）。

绝缘等级（定子/转子）：H/H。

级数：4。

线圈连接方式（定子）：△。

额定电压：690V。

额定频率：50Hz。

机组功率：850kW。

第三节　异步电机的电气控制系统

风机所有的监视和控制功能都通过电气控制系统来实现，它们通过各种连接到控制模块的传感器来进行监视、控制和保护。电气控制系统的作用是协调风轮、传动、偏航、制动等各主辅设备，给出叶片变桨角度和发电机系统转矩值，作用给电气系统的分散控制单元的上位机和旋转轮毂的叶片变桨调节系统，确保风电机组设备的安全稳定运行。

1. 风力发电机组的基本控制要求

风力发电机组的启动、停止、切入（电网）和切出（电网）、输入功率的限制、风轮的主动对风以及对运行过程中故障的监测和保护必须能够自动控制。风力资源丰富的地区通常都是在海岛或边远地区甚至海上，发电机组要求能够实现无人值班运行和远程监控，这就要求发电机组的控制系统具有很高的可靠性。

2. 电气控制系统的基本功能

并网运行的风力发电机组的控制系统具备以下功能：

（1）根据风速信号自动进入启动状态或从电网切出。

（2）根据功率及风速大小自动进行转速和功率控制。

（3）根据风向信号自动偏航对风。

（4）发电机超速或转轴超速，能紧急停机。

（5）当电网故障，发电机脱网时，能确保机组安全停机。

（6）电缆扭曲到一定值后，能自动解缆。

（7）当机组运行过程中，能对电网、风况和机组的运行状况进行检测和记录，对出现的异常情况能够自行判断并采取相应的保护措施，并能够根据记录的数据生成各种图表，以反映风力发电机组的各项性能。

（8）对在风电场中运行的风力发电机组还应具备远程通信的功能。

3. 电气控制系统结构组成

风力发电机组的形式不同，风电机组的电气控制系统结构也有不同。下面以异步双馈风力发电机控制系统为例介绍电气控制系统结构的组成，如图6-18所示。

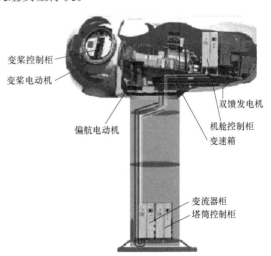

图6-18　电控系统整体结构

风电机组底部为变流器柜和塔筒控制柜。塔筒控制柜一般为风力发电机主控制装置，负责整个风力发电机组的控制、显示操作和通信。变流器柜主要由绝缘栅双极型功率管（IG-BT）、散热器和变流控制装置组成，负责双馈发电机的并网及发电过程控制。塔筒底部的控制柜通过电缆或光缆与机舱连接通信。

机舱内部的机舱控制柜主要负责机组制动、偏航控制及液压系统、变速箱、发电机等部分的温度等参数的调节，同时，负责机组各运行参数的检测及风速、风向信号检测。在危急故障的冗余检查以及紧急情况下，甚至在控制系统不运行或缺乏外部电源的情况下，电气控制系统通过硬接线连接安全链立即触发和关闭风机。甚至在主电源完全耗尽时，为确保最大的安全，照明灯光还能继续照明。

上述各种控制装置通过计算机通信总线联系在一起，实现机组的整体协同控制。同时控制系统还通过计算机网络与中央监控系统进行通信，实现机组的远程启停与数据传输等功能。运行数据可以通过连接到远程通信模块或网络上的工作电脑进行历史数据的调用。也就是说，风机完整的状况信息可以被熟悉的操作人员和维护人员获知和利用，但是要提供安全密码等级和正确的安全密码才允许远程控制。

如图 6-19 所示为某双馈异步风力发电机组总体功能图。该发电机是双反馈绕线式发电机，装设有使用滑环的绕线转子。发电机有 2 对电极，因此同步转速为 1500r/min，但是在转子电流的控制下，发电机可以在可变的转速下工作，转速的变化范围为 900～1950r/min。

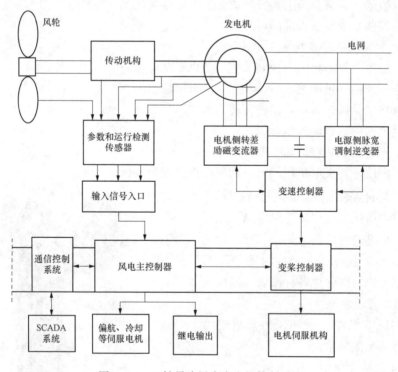

图 6-19 双馈异步风力发电机控制系统

由于发电机和变换器的组合形成"双输入机器"组件，发电系统可以在可变的转速中工作。在感应式发电机中，定子是唯一连接到电网的电路，转子电路被限制在风力发电机的旋转部分之中，并被短接，与外部没有连接。双绝缘机器通过控制转子电流的大小和频率，来建立起机械扭矩和旋转速度的理想值。为了可以接触到转子系统，电力系统把感应式发电机和绕线转子组合起来，转子可经由滑环通电，滑环连接到控制转子电流的频率变换器。发电系统确保风力发电机的速度和机械扭矩能够一直供应稳定的电功率到电网。对转子电流进行控制的结果是，有可能通过定子进而通过功率因数控制电压和电流的相差，功率因数可通过控制系统作为一个可定义参数强加给系统，因此没有必要用到无功功率补偿设备，在电网上的功率损耗就会下降。

感应式发电的另一结果是这种发电系统能够平滑地连接到电网中，这也是这种发电方式的一大特点。这种平滑的连接是通过一种"电网同步"程序得到的，由此，定子上产生的电压与电网中的电压大小相等、相位相同，因此，发电机以零连接电流和简单的接触器连接到电网，而不需要另外的设备。该风电机组电控系统各组成部分具体功能如下：

（1）主控系统。主控系统位于塔顶的机舱主控制柜内，控制模块通过光纤数据传输电缆和 RS485 串口分别与塔基变频器开关柜上的显示操作屏和变桨控制系统相连。主控柜中包含有高度集成的 PLC 控制模块、超速模块、转速模块、各种空气开关、电机启动保护开关、继电器、接触器等，外观如图 6-20 所示。

主控系统连续不断地发出转矩给定值到变频器控制系统，发出叶片角度给定值到变桨控制系统，变桨控制系统的同步控制器驱动轮毂中的变桨控制电机来进行各种调节和控制。

每个系统都带有自己的监视功能。变频器能独立工作且能自行停止，它也给定模拟信号到主控系统，主控系统再给定相应的信号到变桨系统，然后驱动叶片变化角度。

在变桨控制系统中，系统自身监视只对故障起作用。

图 6-20　主控柜

例如叶片和叶片角度偏差等，它能够通过通信电缆请求主控系统快速停机。

（2）频率变换器。频率变换器包括两个 4 象限 IGBT 电抗器，一个基于 DC 电容器的连续阶、电气保护设备和与发电功能有关的控制，外观如图 6-21 所示。

图 6-21　频率变换器

一个变换器负责通过滑环（转子终端盒）注入电流到发电机的转子，称为电机侧转差励磁变流器；另一个变换器负责注入从转子到电网传输的能量，称为电网侧脉宽调制变流器，基于借助电容器电池以直流电的形式进行能量储备。

电气保护设备包括：连接到电网的星形、三角形和通用连接接触器，发电机定子电路的必要保护，变换电源的保护，输入到 480V 转换器的自动变压器，在发电机中对谐波电流进行滤波的电抗器，保证与电网电磁兼容的滤波器，IGBT 的电子保护（硒堆）。

（3）安全链。安全链是 1 个硬回路，由所有能触发紧急停机的触点串联而成，任何 1 个触发都会导致紧急停机。构成紧急停机的信号点如下：位于机舱控制柜上的紧急停机按钮，机舱内便携式控制盒停机按钮，变频器控制柜上的紧急停机按钮。

（4）变桨控制。3 个叶片变桨分别由 3 个带变频控制的直流电机驱动，通过控制器同步调整动作。如果是电网故障或安全停机，每个电机的电源由各自的后备蓄电池提供。变桨控制除了调节功率外，还作为三重冗余保护。每个叶片都安装有 1 个角度编码器，每个电机也装有 1 个编码器，在运行中，变桨控制还监视变桨电机的电流和温度、3 个蓄电池循环充电控制、蓄电池电压检测，并通过串口与控制器通信进行数据传输。📱动画29,30

（5）偏航控制。偏航控制系统有以下三种功能：保证风力机在 RUN 和 PAUSE 状态时迎风，在需要时控制电缆解缆，测量机舱位置。机舱安装在偏航盘的上面，偏航盘则安装固定在塔筒上，通过 2 个或 4 个偏航电机实现偏航控制。偏航齿轮和偏航环互相啮合，偏航电机是有刹车的同步电机。控制器从风速风向仪上得到信息（超声波风速风向仪同时测量风速和风向）。在风速低于 3m/s 时，自动偏航功能不起作用。偏航行为是被监视的，如果风力机偏航超过大概一圈，风力机的活动等级降为 STOP。在风力机偏航时，悬挂在机舱上的电缆会扭曲，发生绞缆。控制器从偏航信号得到关于绞缆的信号，偏航信号直接从与偏航环啮合的小齿轮上得到。📱动画38

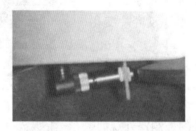

图 6-22 转速传感器

（6）各类传感器。

1）转速传感器（见图 6-22）。风力发电机组转速的测量点有 3 个，即发电机输入端、齿轮箱输出端和风轮，发电机输入端和齿轮箱输出端各安装 1 个转速传感器，风轮安装 2 个转速传感器，还有 2 个转速传感器安装在机舱与塔筒连接的齿轮上，用来识别偏航旋转方向。常见的有电感式、电容式、电涡流式传感器。

2）偏航计数传感器（见图 6-23）。从机舱到塔筒间布置的柔性电缆由于偏航控制会变得扭曲。如果在扭曲达到两圈后正好由于风速原因导致风机停机，此时主控系统将会使机舱旋转，直到电缆不再扭曲。如果一直在扭曲达到 3 圈前还是不能进行解缠绕，系统运行正常停机程序，使电缆解缠绕。当电缆扭曲达到 ±4 圈后安全回路将会中断，紧急停机。

3）风速、风向传感器（见图 6-24 和图 6-25）。在机舱顶部，有 1 个测风杯和 2 个风向标。当风速过高时，测风计通常会关闭风机，以及决定解缆的转动量。测风仪经滤波后测出 5s 平均值、60s 平均值及 10min 平均值。

风标用来使机舱朝风向、监视风向、偏航定向信号按偏航未对准时间常数 25s 到偏航到位的时间常数 5s 进行数字滤波。

图 6 - 23　偏航计数传感器

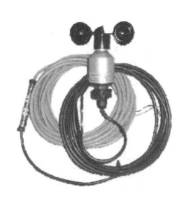

图 6 - 24　风杯式风速仪　　　　　　　图 6 - 25　风向传感器

电子超速保护是在软件过速保护失败的情况下使风机停机。速度传感器装设在与集电环相连的齿轮附近，通过感应测出连续轮齿之间的时间，从而计算出相应的速度，并与事先设定的速度阈值进行比较。如果速度超过了阈值，就会引发紧急系统跳闸。

目前常见风速传感器有声共振式风速传感器和超声波风速传感器等。

4）温度传感器。发电机定子的每个相位都要装有 1 个 PT 温度传感器（另外再设 3 个备用传感器），1 个 PT 温度传感器用于冷却温度（空隙的温度）测量，另外 2 个 PT 传感器用于主轴承的温度测量。主轴承上的 2 个温度传感器在保护系统时会发出动作信号或警告信号。另外还需测量高速轴轴承、油箱、齿轮箱进油口、机舱内外部温度，通常采用 PT100 作为温度传感器。

5）振动传感器。安装在主机架下部，为重力型加速度传感器，直接连接到紧急停机回路上。振动传感器用于监视塔基和驱动链，如果测量值超限，立刻正常停机。常见的振动传感器有电涡流传感器和电磁式传感器。

6）刹车磨损传感器。刹车磨损传感器安装在齿轮箱刹车器上，只有在刹车被完全释放后，开关才能动作，微动开关指示刹车衬套的磨损。当刹车片磨损到一定值后，传感器给出 1 个信号，要求正常关闭风机。如要再次运行，则要求手动复位，在收到这个信号后还可以进行 3 次启动或 3 天运行；然后必须要求更换新的刹车衬套，更换后，要求能被主控制系统识别检测到。

另外在风机里还有油位、压力、绝对式旋转编码器等多种传感器检测风机的运行状态。不同的风机使用的传感器也有所不同。

第四节　异步发电机在风力发电机中的应用

本节以鼠笼式电机在风力发电中的应用为例进行介绍。

1. 恒速恒频式风力发电系统

通过定桨距失速控制的风力机使发电机转速保持在恒定的数值，继而使风力发电机并网后定子磁场旋转频率等于电网频率，就是恒速恒频式风力发电系统，由于转子、风轮的速度变化范围较小，不能保持在最佳叶尖速比，捕获风能的效率低，因此恒速恒频式发电机组都是定桨距失速调节型。

恒速恒频式风力发电系统的特点是在有效风速范围内，发电机组的运行转速变化范围很小，近似恒定；发电机输出的交流电能频率恒定。通常该类风力发电系统中的发电机组为鼠笼式感应发电机组，早期 300、500、600、750kW 机组等 1MW 以下的机型应用鼠笼式感应发电机组较多。如图 6-26 和图 6-27 所示分别为 750kW 自扇冷鼠笼式异步风力发电机外形和剖面简图。

图 6-26　750kW 自扇冷鼠笼式
异步风力发电机

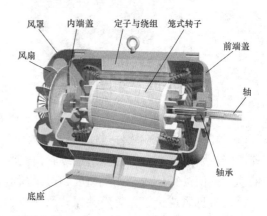

图 6-27　750kW 自扇冷鼠笼式电机剖面简图

2. 变速恒频风力发电系统

风能具有随机性，当风速发生变化时，风力机必定偏离最佳速度，显然风力机的风能利用系数 C_P 不可能保持在最佳值。为了在各种风速下能实现最大风能捕获，需要根据风速来调节风力机的转速，采用变速恒频方式，在风速变化的情况下适时地调节风力机转速，使之始终运行在最佳转速，C_P 达到或者接近最佳值，从而提高机组的发电效率，优化风力机的运行条件。

功率的输出取决于风速。由于机组的桨叶节距角和转速都是固定不变的，使机组功率曲线上只有一点有最大功率系数。额定转速低的机组，低风速下有较高的功率系数；额定转速高的机组，高风速下有较高的功率系数，因此选择双速异步发电机用于定桨距风力机变速恒频风力发电系统。

一般将双速电机的定子绕组数设计为 4 极和 6 极，其同步转速分别为 1500、1000 r/min；6 极绕组的额定功率设计为 4 极绕组额定功率的 1/5～1/4。在风力较强的高风速段，发电机绕组接成 4 极运行，在风力较弱时，发电机绕组换成 6 极运行，这样可以更好地利用风能，也保证了发电机在不同工况下都具有较高的效率。

　　例如 600/125kW 和 750/200kW 这两种类型的风力发电机组，绕组设计分别为 4 极和 6极，当风电机组运行在低风速段时，通过 4 极、6 极电机的切换，使发电机具有较高的效率以增加发电量，其功率曲线如图 6 - 28 所示。

　　鼠笼式异步发电机变速恒频风力发电系统如图 6 - 29 所示。由于变频器在发电机定子侧直接和电网相连接，变频器的容量必须与发电机的容量相等，导致变频器体积大、质量大，系统成本昂贵，不可避免地对电网造成一些谐波污染。但鼠笼式异步电机因其结构简单、坚固耐用、运行可靠、易于维护和适宜恶劣的工作环境等优点，得到了广泛的应用，特别是在离网型风力发电系统中，目前多用于 100kW 以下的风力发电系统。

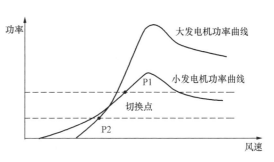

图 6 - 28　双速电机的功率曲线

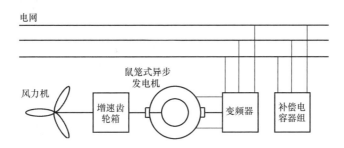

图 6 - 29　鼠笼式异步发电机变速恒频风力发电系统

　　采用鼠笼式异步发电机变速恒频风力发电系统的风电机组，在运行状态下，当风速增加时风轮将吸收更多的风能，转速增大，经过传动系统传至发电机后的转差率将增大。当风速变小时，转差率变小，转子侧等值阻抗增加，定子和转子电流减小，电磁转矩减小，此时发电机将回到稳定发电状态。当风速进一步减小时，将无法维持转差，发电机将脱网，风电机组进入待机状态。鼠笼式异步发电机的转矩自动调节特性是早期选择其用于风电机组的重要原因。但是由于其可变滑差范围较小，在风速不稳定时，会造成功率输出不稳定；在风速变化较快的情况下，会出现功率跃变或超额功率运行的情况。

第五节　异步双馈发电机在风力发电机中的应用

一、异步双馈发电机的工作原理

　　异步双馈发电机（双馈感应发电机）（DFIG）是一种绕线式转子电机，它的定子与一般的交流电机一样，具有三相分布式绕组；转子与绕线电机一样，也是三相分布式绕组，转子绕组电流由滑环导入，这种带滑环的双馈式电机称为有刷双馈发电机。

　　如图 6 - 30 所示为异步双馈风力发电系统原理框图。有刷双馈发电机具备易于控制转矩和速度、能工作在变速恒频状态、电机可以超同步和超容量运行、驱动变流器的总额定功率可以降低到电机容量的 1/4 等方面的优点，因此在风力发电系统中多采用有刷双馈发电机。

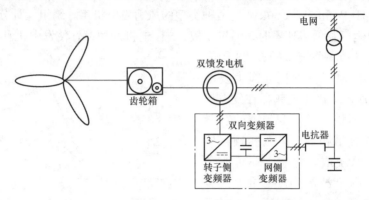

图 6-30　异步双馈风力发电系统原理框图

异步双馈发电机运行时定子侧绕组直接接入工频的三相电网，转子侧通过双向可逆专用变频器供以频率、幅值、相位和相序都可改变的三相低频励磁电流。无论风速如何发生变化，当电机的转速改变时，通过变频器调节转子的励磁电流频率来改变转子磁势的旋转速度，使转子磁势相对于定子的转速始终是同步的，定子感应电势频率即可保持定值，发电系统便可做到变速恒频运行。因为其定子、转子都能向电网馈电，故简称双馈电机。

现代变速异步双馈风力发电机的工作原理就是通过叶轮将风能转变为机械转矩（即风轮转动惯量），通过主轴传动链，经过齿轮箱增速到异步发电机的转速后，通过变流器将发电机的定子电能并入电网。如果超过发电机同步转速，转子也处于发电状态，通过变流器向电网馈电。双馈发电机正是由叶片通过齿轮箱变速，带动电机高速旋转，同时转子接变流器，通过变流器 PWM 控制以达到定子侧输出相对完美正弦波，同时在额定转速下，转子侧也能同时发出电流，以达到最大利用风能效果。

异步双馈发电机是变速恒频风力发电系统的核心部件，此类发电机主要由电机本体和冷却系统两大部分组成。电机本体由定子、转子和轴承系统组成，冷却系统又可分为水冷、空空冷和空水冷三种结构。

由于风速是变化的，为了实现双馈发电机的定子感应电压始终满足电网频率，其转子绕组励磁电流频率应满足：

$$f_1 = Pf_m \pm f_2 \tag{6-6}$$

式中　　f_1——定子电流频率，由于定子与电网相连，所以 f_1 与电网频率相同；

　　　　P——电机的极对数；

　　　　f_m——转子机械频率，取决于发电机转子的转速，即 $f_m = \dfrac{n}{60}$；

　　　　f_2——转子电流频率。

由式（6-6）可知，当发电机的转速变化时，即 Pf_m 变化时，若控制 f_2 相应变化，可使 f_1 保持恒定不变，即与电网频率保持一致。

如图 6-31 所示，设定电机转速 n 为一固定值时，转子机械频率 Pf_m 为 40Hz，为使定子电压频率 f_1 为 50Hz，可将转子电流频率 f_2 调整为 10Hz，即 50Hz＝40Hz＋10Hz。

图 6-31　异步双馈风力发电机定子、转子频率关系示意

　　若系统工作时转子的转速为 n，转子通过变频器提供励磁电流在转子绕组上产生的旋转磁场相对转子的转速为 n_2，n_1 为对应于电网频率的电机的同步转速。当电机的转速随着风速的变化而变化时，只要能利用变频器调节输入转子的励磁电流频率 f_2，就可以在定子上感应出对应电机同步转速 n_1 的工频电压，整个发电系统保持变速恒频运行。如图 6-32 所示为双馈发电机的工作示意。

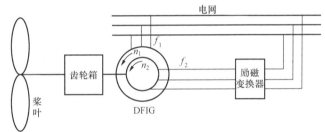

图 6-32　双馈发电机的工作示意

　　双馈发电机可以在不同的风速下运行，其转速可以随风速的变化做相应调整，使风力发电机的运行始终处于最佳状态，提高了风能的利用率。同时，通过控制馈入转子绕组的电流参数，不仅可以保持定子输出的电压和频率不变，还可以调节输入到电网的功率因数，提高系统的稳定性。

　　双馈发电机特点是：通过变频器给转子加入低频交流励磁，交流励磁电流的幅值、频率、相位是可调的，也可以称为交流励磁电机。这种结构的发电机是通过对其转差频率的控制来实现发电机的双馈调速。由于控制方案是在电机的转子侧实现的，流过转子电路的功率是由交流励磁发电机的转速运行范围所决定的转差功率，转差功率仅为发电机定子额定功率的 $1/4\sim1/3$，功率转换装置的容量小、电压低，变频器的成本大为降低，系统容易设计与整理。

二、异步双馈发电机的结构

　　下面以 G52/G58-850kW 风力发电机为例，了解双馈风力发电机的组成、结构及简单的工作过程。

　　如图 6-33 和图 6-34 所示分别为 G52/G58 风力发电机的剖视图和部件图。该发电机是双馈发电机，它使用了带滑环的绕线转子。发电机的极对数为 2，同步转速为 1500r/min，由于发电机和变换器的组合形成一种被称为"双输入机器"的组件，转子和滑环连接到频率变换器，发电机可以由星形或者三角形定子连接，使得它在轻载时（风速低时的一种频率状

态）得到较大范围的速度变动和较小的发电机损耗。该双馈发电机旋转速度可动态地达到
1950r/min，稳定状态下为 900～1620r/min。

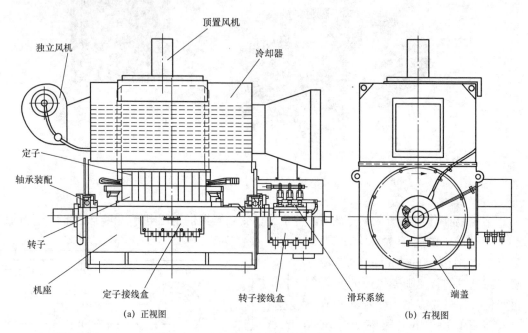

图 6-33　G52/G58 风力发电机剖视图

三、双馈风电机组的控制

由于风能的不确定性，风力发电机组必须能抵消阵风。如果阵风冲击到风轮叶片上，它
的转矩会急剧增加，从而使得系统功率也有快速提升的趋势。为了给出变桨距控制时间来重
新调整叶片角度，风力发电机的转差被增加至 10%。对双馈发电机来说，转子的速度可与
额定速度相差 30%，这就提高了不断变化的风力条件下的功率水平。它减少了电网上的不
良波动，也改善了关键部件的受力。

为实现这一目标，转子线圈通过转差环引出，并通过特殊逆变器接入电网。转子电流
产生的磁场用于耦合到定子上，而定子被接入电网。所以控制器直接影响转子内的磁场
状况。逆变器可以双向运行，将交流电整流成直流电，并将直流电转化成任何所需频率
的交流电。

（1）在低风速时，传动系统的转动比电网的运行要慢。这时增加转子电流，产生旋转磁
场的频率 f_2 与旋转频率叠加达到了额定转差率。在这个过程中，是从电网获取能量来产生
转子磁场。然而，这样的能量明显低于定子的输出能量。这使风电机组的发电机能覆盖很宽
的速度范围。

（2）当风速升高时，为了保持恒定的磁转差，抵消阵风和高风速，转子磁场的旋转是反
向的。这使得它可以在恒定的磁转差下提高机械速度。为实现这一目标，变流器将部分转子
电流馈入电网，从而在这个方向形成一个能量流。因此，大约 10% 的电能是由转子产生，
并通过变流器馈入电网的。

由于电机的励磁可通过变流器实现，因此无需来自电网的无功功率。相反，控制系统可
以提供容性和感性无功功率。所以，双馈风电机组有助于稳定电网。由于双馈电机变速恒频

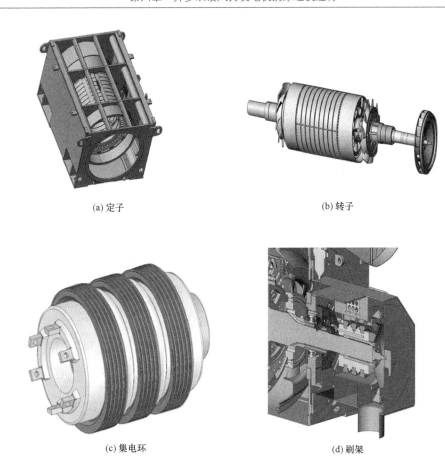

(a) 定子   (b) 转子

(c) 集电环   (d) 刷架

图 6-34 G52/G58 风力发电机部件

（VSCF）风力发电系统利用其转子侧励磁电量的频率可以不断改变的特点，因此，不管是电动机还是发电机，都可以运行在不同速度下，实现变速发电或调速拖动。它的核心技术是基于电力电子和计算机控制的交流励磁控制技术，可简述如下：

1）励磁电流幅值控制——可以调节发电功率（与风力机功率相匹配）。

2）励磁电流频率控制——可以调节发电机转速。

3）励磁电流相位控制——可以改变电机的功率角，不仅可以调节无功功率，也可以调节有功功率。

由于双馈发电机构成的变速恒频控制方案是在转子电路实现的。流过转子回路的功率是双馈发电机的转速运行范围所决定的转差功率，该转差功率仅为定子额定功率的一小部分，而且可以双向流动。因此，和转子绕组相连的励磁变频器的功率只有发电机额定功率的1/3，大大减小了变频器的体积和质量。

四、异步双馈发电机空载运行特性

异步双馈发电机空载运行指的是发电机定子电流为零的情况下运行，通过计算或试验可以得到典型的异步双馈发电机空载运行特性曲线，函数关系可以表示为

$$U_0 = f(i_f)$$

式中 U_0——定子绕组中感应产生的电压有效值；

i_f——转子励磁电流。

其中,空载特性曲线的纵坐标是定子绕组中感应产生的电压有效值,横坐标为转子上通过电流的有效值,即励磁电流。

任何电机稳定运行时,定子旋转磁势与转子旋转磁势都是相对静止、同步旋转的。双馈式发电机的结构类似于绕线式感应电机,当转子旋转频率变化时,控制励磁电流频率可以保证定子输出频率恒定,即

$$f_1 = Pf_m \pm f_2$$

式中 f_1 ——定子电流频率;

  f_2 ——转子电流频率;

  f_m ——转子机械频率;

  P ——发电机的极对数。

当转子旋转速度低于气隙磁场旋转速度 ($n < n_1$) 时,发电机运行于亚同步状态,$f_2 > 0$,由控制器向转子提供正相序励磁;

当转子旋转速度高于气隙磁场旋转速度 ($n > n_1$) 时,发电机运行于超同步状态,$f_2 < 0$,由控制器向转子提供反相序励磁;

当转子旋转速度等于气隙磁场旋转速度 ($n = n_1$) 时,发电机运行于同步转速,$f_2 = 0$,由控制器向转子提供直流励磁。

上述 n 表示转子的旋转速度,n_1 表示气隙磁场的旋转速度。

通过上述分析,可以得到双馈电机运行在不同工作状态时的空载特性。

五、双馈发电机并网及功率输送

若将双馈发电机的定子侧通过开关与电网连接(见图 6 - 35),则定子侧的电流频率可以认为是不变的,而发电机转子侧则通过变流器向电网馈电。尽管风况是时刻变动的(如风速的波动),但为了将能量平稳送入电网,发电机必须发出恒定频率和幅值的电压。这是通过对转子电流的精确控制实现的,由此可以通过检测转子的转速来确定转子绕组通过变频器提供励磁电流的频率 f_2。

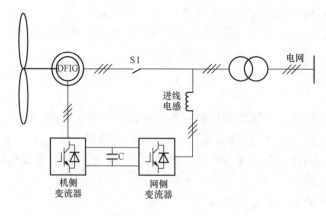

图 6 - 35 变速恒频 DFIG 空载并网运行结构

由电机学原理可以得出以下关系式:

$$\begin{cases} n_1 = \dfrac{60 f_1}{P} \\[2mm] n_2 = \dfrac{60 f_2}{P} \\[2mm] f_2 = \dfrac{P n_2}{60} = \dfrac{P(n_1 - n)}{60} = \dfrac{P n_1}{60} \cdot \dfrac{n_1 - n}{n_1} = s f_1 \end{cases} \tag{6-7}$$

$n_1 = n \pm n_2$，其中，当 $n < n_1$ 时，电机处于亚同步时取正号；当 $n > n_1$ 时，电机处于超同步时取负号。由式（6-7）可以看出，当发电机转速 n 变化时，若控制转子电流频率 f_2 相应变化，可使定子电流频率 f_1 恒定不变且与电网频率保持一致，从而实现了转速变化时输出电能的恒频控制。

交流励磁变速恒频 DFIG 风力发电系统空载并网运行结构如图 6-35 所示。接入电网前，开关 S1 断开，将 DFIG 定子侧空载，通过转子侧变频器的控制，调节 DFIG 的定子空载电压，使定子空载电压与电网电压在幅值、频率及相位上一致。并网之前应对发电机的输出电压进行调节，当满足并网条件时进行并网操作，并网成功后双馈发电机控制策略从并网控制切换到发电控制。

并网前空载运行，实施空载并网控制；并网后发电运行，实施功率控制。

双馈电机在作发电机并网运行时，同样的只要电网电压保持恒定，根据异步双馈发电机转子转速的变化，运用前面的知识，可以分析得到双馈异步发电机的三种运行状态：

（1）亚同步运行状态。转子转速 n 小于同步转速 n_1，变频器向转子绕组馈入交流励磁电流，由滑差频率为 f_2 的电流产生的旋转磁场转速 n_2 与转子的转速方向相同，由此 $n + n_2 = n_1$。

（2）超同步运行状态。转子转速 n 大于同步转速 n_1，转子绕组输出交流电通过变流器馈入电网，通入转子绕组频率为 f_2 的电流相序，则其所产生旋转磁场转速 n_2 的转向与转子的转向相反，因此有 $n - n_2 = n_1$。为了实现 n_2 转向反向，在由亚同步运行转向超同步运行时，转子三相绕组必须能自动改变其相序；反之，也是如此。

（3）同步运行状态。转子转速 n 等于同步转速 n_1，滑差频率 $f_2 = 0$，这表明此时通入转子绕组电流的频率为 0，即转子电流为直流电流，变流器向转子绕组馈入直流电。这与普通同步发电机转子励磁绕组内通入直流电是相同的。实际上，在这种情况下异步双馈发电机已经和普通同步发电机一样了。

双馈发电机的运行工况由次同步运行到达同步转速点时，转差率 s 减小至 0，这时原动机提供的机械功率等于发电机输出的电磁功率，即转子纯粹励磁。当双馈发电机进入超同步运行，转子通过气隙从原动机回馈部分电磁功率，但因为转差率 $|s|$ 太小，回馈的这部分能量不足以抵消转子铜耗，因此发电机还需要从直流母线上，也就是从电网侧变流器吸收一部分有功功率供以转子铜耗，转子有功功率极性没有发生改变，而此时转速已经稳定。因此，电网侧变流器始终工作在整流工况，发电机连接到（并网）电网，必须满足以下条件：

电网频率＝发电机频率，电网电压＝发电机电压，电网相角＝发电机相角

如果大型发电机不满足上述条件，发电机并网将导致较高的补偿电流，从而破坏发电机部件。

第六节 项 目 拓 展 训 练

下面介绍 THNRSK‐1 型双馈异步风力发电实验系统实验设备，如图 6‐36 所示为双馈异步风力发电实验系统结构图。

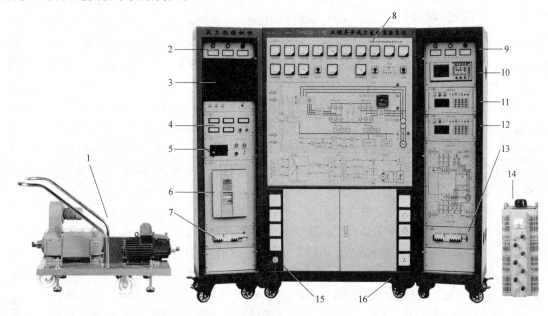

图 6‐36 异步双馈风力发电实验系统结构

双馈异步风力发电实验系统各主要区域（模块）的功能介绍如下：

1 区：双馈发电机组，由直流电动机、异步双馈发电机及转速编码器组成。

2 区：风力机模拟柜仪表区域，用来显示风力机模拟柜电源电压。

3 区：工业 PC 机，提供触摸屏式的人机界面，能在线监控、管理整个系统的运行，离线仿真风机的各种运行曲线。

4 区：系统运行状态指示区域，能够显示风机运行状况、并网状况、机侧及网侧变流器的故障信号等。

5 区：直流调速器控制区域，控制直流调速器的启动、停止及运行。

6 区：直流调速器，控制直流原动机运行，模拟风力发电机的运行状态。

7 区：风力机模拟柜电源控制区域，包括整个风力机模拟柜的总电源、直流调速器电源及工业 PC 机、PLC 等控制回路的电源。

8 区：系统原理框图及仪表区域，主要显示原动机、发电机、系统、变流器等运行参数及开关状态。

9 区：变流器柜仪表区域，用来显示变流器柜电源电压。

10 区：波形显示区，用示波器观察变流部分的电压、电流等波形。

11 区：网侧变流器，将直流电逆变成交流电送给电网，并监控其运行状态。

12 区：机侧变流器，将发电机发出的交流电整流成直流电，并监控其运行状态。

13 区：变流柜电源控制区域，包括整个变流器柜的总电源、调压器电源及示波器、机侧及网侧变流器等的电源。

14 区：三相自耦调压器，模拟双馈风力发电系统的电网。

15 区：机组供电区，提供转子输入端、定子输入端、三相电源输出端、单相电源输出端等端口。

16 区：模拟电网区，提供系统母线端、调压器一次侧输入端、调压器二次侧输出端、三相电源输出端、单相电源输出端等端口。

THNRSK-1 型双馈异步风力发电实验系统由异步双馈风力发电机组、风力机模拟柜、系统屏、变流器柜、无穷大系统、监控软件六个部分组成。系统采用直流电动机来模拟风力机，通过风电上位机软件监控 PLC 来控制直流调速器，通过改变直流电动机电枢绕组端电压来模拟自然状态下风速的变化，实现输出功率（转矩）的控制，完成风力机的模拟控制。工业 PC 采用力控组态软件经 PLC 可编程控制器通过 RS 485/USS 协议与调速器通信，调速器将机组转速信号、电枢电流、电压信号等信号上传，监控软件根据调速器上传的信号以及虚拟风速信号，通过数字化的典型风力机特性曲线，计算出风力机的输出功率或转矩，并将其作为直流电动机的控制指令通过 RS 485 下置作为调速器的给定端加以执行，由数字直流调速器驱动直流电动机。其中系统监控管理主要是对系统各智能控制装置的数据采集与监视控制，实现风电 SCADA。

发电机采用异步双馈发电机，变流器控制部分采用 DSP 芯片；功率部分采用双向背靠背 PWM 模块。电网则采用 9kVA 调压器来模拟。

"风模型及控制"界面如图 6-37 所示。

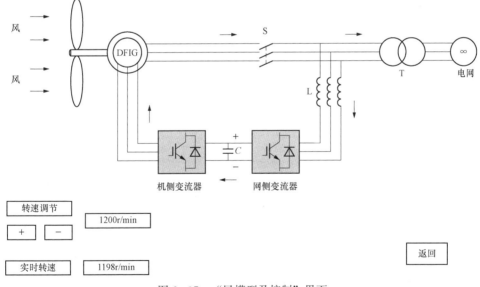

图 6-37　"风模型及控制"界面

项目训练一：异步双馈发电机空载特性实验

1. 实验目的

（1）掌握异步双馈发电机的结构及组成。

（2）通过实验使学生了解异步双馈发电机转子转速、转子电流及定子电压的关系。

（3）掌握异步双馈发电机空载运行特性。

2. 实验准备

（1）仔细阅读 THNRSK-1 型异步双馈风力发电实验系统的安全操作说明及系统相关的使用说明书。

（2）确保系统按照实验要求的接线方式正确完成接线。

（3）按实验指导书要求启动设备。

3. 实验内容及步骤

（1）进入"风力发电机特性测试"界面中，设定直流电动机的给定转速为 1200r/min，使得发电机运行在亚同步状态。

（2）设置机侧控制器进入空载特性模式，缓慢增大转子电流，观察发电机定子电压的变化趋势。

（3）记录转子电流 I_r 在 0～100% 内慢慢增大时，发电机定子电压 U_s 与转子电流 I_r 的值于表 6-1 中，并绘制其关系曲线。

同理，可将电动机转速设置为 1300、1400r/min，重复完成上述实验，并绘制出相应的关系曲线。

（4）另外，还可在"风力发电机特性测试"界面中，设定直流电动机的给定转速为 1500r/min 或 1800r/min，使得发电机运行在同步状态或超同步状态。重复上述实验，观察定子电压与转子电流间的关系。

表 6-1　　　　　　　　转子电流与定子电压数据（转速为 1200r/min）

序号	转子电流 I_r/A	定子电压 U_s/V
1		
2		
3		
4		
5		
6		
7		
8		
9		
10		

（5）实验结束，并按照正确顺序关闭各电源。

4. 问题与思考题

（1）简述异步双馈发电机的空载特性。

（2）总结异步双馈发电机转子转速、转子电流及定子电压的关系。

5. 实验报告

分别绘制双馈异步发电机工作在不同状态时，定子电压与转子电流的关系曲线，比较在不同运行状态下的区别。

项目训练二：异步双馈风力发电机运行特性实验

1. 实验目的

理解发电机转速、转子电流频率和定子电压频率之间的关系。

2. 实验准备

（1）仔细阅读 THNRSK-1 型异步双馈风力发电实验系统的安全操作说明及系统相关的使用说明书。

（2）确保系统按照实验要求的接线方式正确完成接线。

（3）按实验指导书要求启动设备。

3. 实验内容及步骤

（1）进入"系统频率关系"界面，设定发电机组转速，使得机组转速稳定在 1000r/min。

（2）启动机侧变流器，此时发电机定子侧输出电压。

（3）通过机侧控制器完成发电机的并网，此时发电机定子侧与电网相连接的交流接触器闭合，已经实现了空载并网。设定发电机组转速，使得机组转速稳定在 1300r/min，发电机此时运行在亚同步状态。

（4）设定机侧变流器有功给定为 500W，待转速稳定在 1300r/min 左右时，记录发电机定子电压 U_{s1} 和转子电流 I_{r1} 的波形，并计算定子及转子的输出频率于表 6-2。如图 6-38 所示为亚同步状态时发电机定子与转子频率关系。

表 6-2　　　　　　定子与转子输出频率数据（$P=500\text{W}$，$Q=50\text{kvar}$）

序号	转速给定 $n/(\text{r/min})$	定子频率/Hz	转子频率/Hz	转差
1	1200			
2	1300			
3	1500			
4	1700			
5	1800			

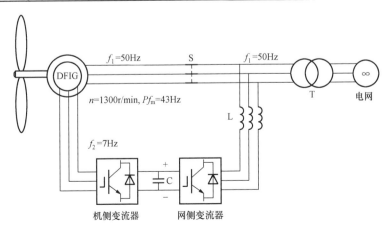

图 6-38　亚同步状态时发电机定子与转子频率关系

（5）设定发电机组转速，使得机组转速稳定在 1500r/min，此时电机处于同步状态。记录发电机定子电压 U_{s1} 和转子电流 I_{r1} 的波形，并计算定子及转子的输出频率于表 6 - 2。如图 6 - 39 所示为同步状态时发电机定子与转子频率关系。

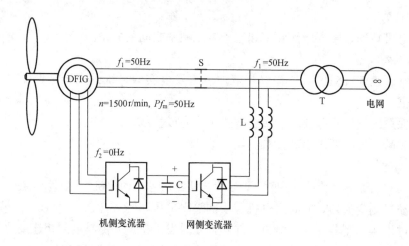

图 6 - 39　同步状态时发电机定子与转子频率关系

（6）设定发电机组转速，使得机组转速稳定在 1800r/min，此时电机处在超同步状态。记录发电机定子电压 U_{s1} 和转子电流 I_{r1} 的波形，并计算定子及转子的输出频率于表 6 - 2。如图 6 - 40 所示为超同步状态时发电机定子与转子频率关系。

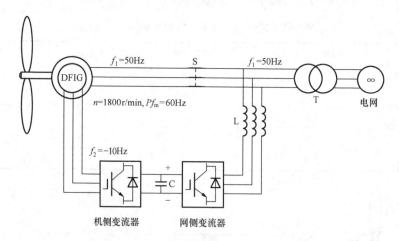

图 6 - 40　超同步状态时发电机定子与转子频率关系

（7）实验结束，按照正确顺序关闭各电源。

4. 问题与思考题

（1）简述运行中发电机定子频率与转子频率之间的关系。

（2）简述运行中发电机转速、转子电流频率和定子电压频率之间的关系。

5. 实验报告

记录亚同步、超同步、同步三种工况下定子相电压及转子电流波形，分析发电机转速、转差、转子电流频率和定子电压频率之间的关系。

项目训练三：双馈风力发电机空载并网实验

1. 实验目的

(1) 了解双馈风力发电机空载并网控制原理。

(2) 掌握双馈风力发电机并网所需要满足的条件。

2. 实验准备

(1) 仔细阅读 THNRSK‐1 型异步双馈风力发电实验系统的安全操作说明及系统相关的使用说明书。

(2) 确保系统按照实验要求的接线方式正确完成接线。

(3) 按实验指导书要求启动设备。

3. 实验内容与步骤

(1) 进入"风力机模拟运行"界面，设定模拟风机的实时风速为 3m/s，使得机组转速保持在 1000r/min 左右。

(2) 观测并记录此时的发电机定子相电压 U_{s1}、电网相电压 U_{g1} 的波形，其参考波形如图 6‐41（a）所示；U_{s1} 与 U_{g1} 的频率、相位、幅值关系如图 6‐41（b）所示。可知此时机侧变流器处于停止状态，发电机定子侧没有电压输出。

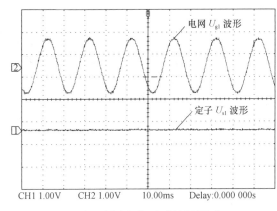

(a) 停止时发电机定子与电网电压波形　　　　(b) 停止时同期表指示

图 6‐41　运行状态为停止时发电机定子与电网电量关系图

(3) 启动机侧控制器，此时发电机定子侧产生电压。观测并记录此时的发电机定子相电压 U_{s1}、电网相电压 U_{g1} 的波形，其参考波形如图 6‐42（a）所示；其频率、相位、幅值关系如图 6‐42（b）所示。可知此时定子侧产生的电压与电网电压频率、幅值、相位相同，满足并网的条件，可以实现并网。

(4) 通过机侧控制器完成发电机的并网。观测并记录并网瞬间的发电机定子电压 U_{s1}、电流 I_{s1} 的波形，观察有无冲击电流，其参考波形如图 6‐43（a）所示，其中虚线左边为并网前的波形，虚线右边为并网后的波形；其频率、相位、幅值关系如图 6‐43（b）所示。

(5) 观测并记录此时的发电机定子电压 U_{s1}、转子电流 I_{r1} 的波形，其参考波形如图 6‐44 所示。

(6) 实验结束，按照正确顺序关闭各电源。

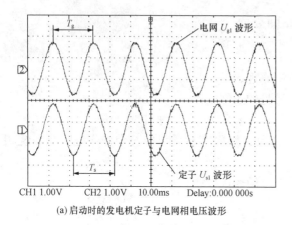

(a) 启动时的发电机定子与电网相电压波形　　　　　(b) 启动时同期表指示

图 6-42　运行状态为启动时发电机定子与电网电量关系

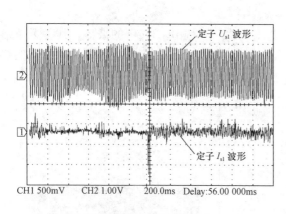

(a) 并网瞬间发电机定子电压与电流　　　　　(b) 并网瞬间同期表指示

图 6-43　并网瞬间的发电机定子与电网电量关系

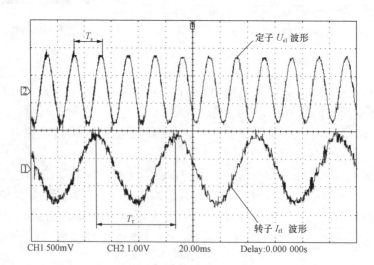

图 6-44　并网后发电机定子电压、转子电流波形

4. 问题与思考题

(1) 发电机并网需要满足哪些条件?

(2) 简述空载并网控制原理。

5. 实验报告

分别记录并网前运行状态为停止、启动时定子与电网 A 相电压波形。分别记录并网后定子与转子 A 相电流波形。

项目训练四：双馈风力发电机并网运行控制实验

1. 实验目的

(1) 了解双馈风力发电机并网后发电运行的控制原理。

(2) 了解双馈风力发电机运行的三种工况：亚同步、同步、超同步。

2. 实验准备

(1) 仔细阅读 THNRSK-1 型异步双馈风力发电实验系统的安全操作说明及系统相关的使用说明书。

(2) 确保系统按照实验要求的接线方式正确完成接线。

(3) 按实验指导书要求启动设备。

3. 实验内容与步骤

(1) 进入"风力发电机特性测试"界面，设定发电机组给定转速，使得机组转速保持在 1000r/min 左右，启动机侧变流器，发电机定子侧产生电压。如图 6-45 所示为并网前系统功率图。

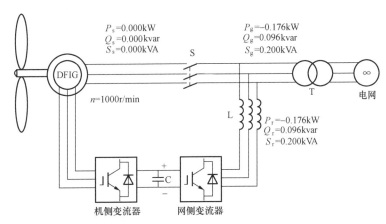

图 6-45　并网前系统功率

(2) 当转速稳在 1000 r/min 左右时，按下机侧变流器"并网"键，液晶屏显示"并网状态：并网"，此时，发电机定子侧与电网相连接的交流接触器闭合，屏上其开关状态指示红灯点亮，此时已实现了空载并网。

(3) 通过机侧变流器设置机侧变流器有功给定为 650W。

(4) 设定发电机组给定转速，使得机组转速保持在 1200r/min 左右，此时电机运行在亚同步状态，观测并记录发电机定子相电压 U_{s1}、相电流 I_{s1} 的波形，记录发电机转子相电流 I_{r1}、I_{r2} 的波形，分别如图 6-46 和图 6-47 所示。并网后机组运行在 1200r/min 时的功率状态如图 6-48 所示。

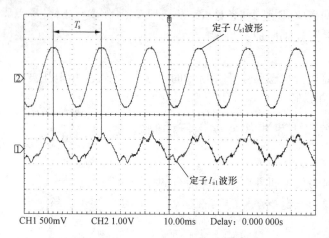

图 6-46　发电机转速为 1200r/min 时定子的电压、电流波形

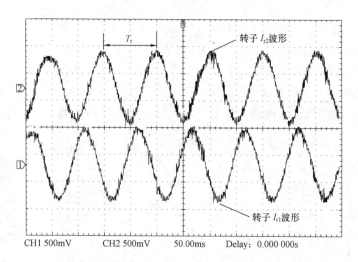

图 6-47　发电机转速为 1200r/min 时转子的电流波形

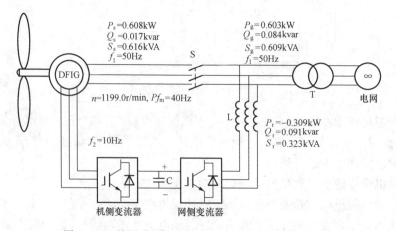

图 6-48　并网后机组运行在 1200r/min 时的功率状态

（5）设定发电机组的给定转速，使得机组转速稳定在 1500r/min 左右时，此时电机运行在同步状态，观测并记录发电机定子相电压 U_{s1}、相电流 I_{s1} 波形，记录发电机转子相电流 I_{r1}、I_{r2} 的波形，分别如图 6-49 和图 6-50 所示。并网后机组运行在 1500r/min 时的功率状态如图 6-51 所示。

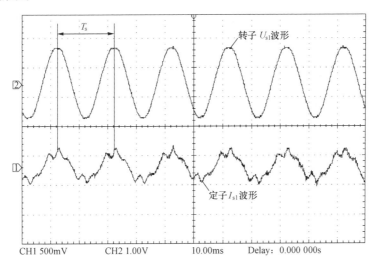

图 6-49　发电机转速为 1500r/min 时定子的电压、电流波形

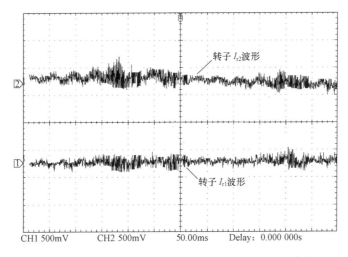

图 6-50　发电机转速为 1500r/min 时转子的电流波形

（6）设定发电机组的给定转速，使得机组转速稳定在 1800r/min 左右时，此时电机运行在超同步状态，观测并记录发电机定子相电压 U_{s1}、相电流 I_{s1} 波形，记录发电机转子相电流 I_{r1}、I_{r2} 的波形，分别如图 6-52 和图 6-53 所示。并网后机组运行在 1800r/min 时的功率状态如图 6-54 所示。

（7）实验结束，按照正确顺序关闭各电源。

4. 问题与思考题

（1）亚同步（1200r/min）、超同步（1800r/min）、同步（1500r/min）三种工况下转子

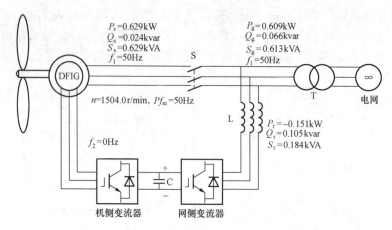

图 6-51 并网后机组运行在 1500r/min 时的功率状态

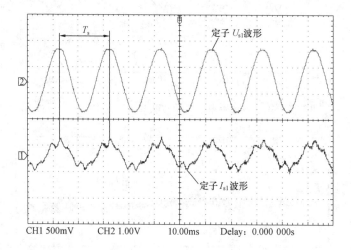

图 6-52 发电机转速为 1800r/min 时定子的电压、电流波形

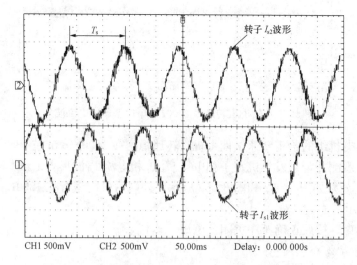

图 6-53 发电机转速为 1800r/min 时转子的电流波形

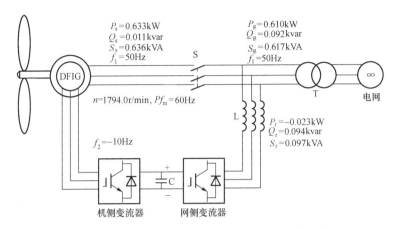

图 6-54　并网后机组运行在 1800r/min 时的功率状态图

励磁电流频率 f_2 分别是多少?

（2）亚同步（1200r/min）、超同步（1800r/min）、同步（1500r/min）三种工况下转子励磁电流相序有什么不同？为什么？

5. 实验报告

（1）记录亚同步、超同步、同步三种工况下定子相电压波形，比较其幅值、频率、相位。

（2）简述双馈风力发电机变速恒频的控制方法。

项目训练五：异步双馈风力发电机功率关系实验

1. 实验目的

分析双馈异步风力发电机定子侧、转子侧及电网功率间的关系。

2. 实验准备

（1）仔细阅读 THNRSK-1 型异步双馈风力发电实验系统的安全操作说明及系统相关的使用说明书。

（2）确保系统按照实验要求的接线方式正确完成接线。

（3）按实验指导书要求启动设备。

3. 实验内容及步骤

（1）进入"风力机模拟运行"界面，设置实时风速为 3m/s，启动并使得机组转速保持在 1000r/min 左右。

（2）启动机侧控制器，并使其进入最大功率跟踪模式，发电机定子侧输出电压。

（3）通过机侧控制器完成发电机的并网，此时发电机定子侧与电网相连接的交流接触器闭合，已经实现了空载并网。

（4）双馈风力发电机功率关系如图 6-55 所示。当风机的实时风速为 3m/s 时，记录机组实时转速、发电机定子侧输出功率、发电机转子侧功率、电网功率填于表 6-3 中。如图 6-56 所示为风速为 3m/s 时系统的功率关系。

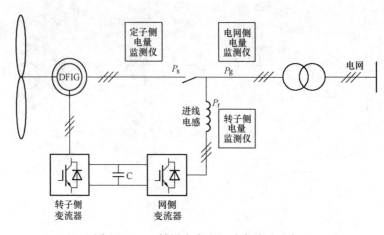

图 6 - 55　双馈风力发电机功率关系示意

表 6 - 3　　　　　　　　　　　定子、转子及电网的功率数据

序号	实时风速 v / (m/s)	实时转速 n / (r/min)	定子侧输出 P_s/kW、Q_s/kvar、S_s/kVA	转子侧输出 P_r/kW、Q_r/kvar、S_r/kVA	电网 P_g/kW、Q_g/kvar、S_g/kVA
1	3				
2	8				
3	11				

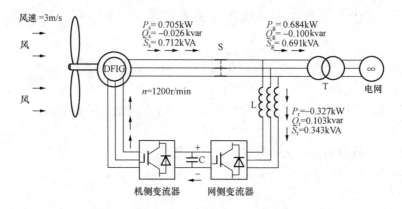

图 6 - 56　风速为 3m/s 时系统的功率关系

（5）增大风速给定，当风机的实时风速为 8m/s 时，记录机组实时转速 n、发电机定子侧输出功率、发电机转子侧功率、电网功率填于表 6 - 3 中。如图 6 - 57 所示为风速为 8m/s 时系统的功率关系。

（6）增大风速给定，当风机的实时风速为 11m/s 时，记录机组实时转速、发电机定子侧输出功率、发电机转子侧功率、电网功率填于表 6 - 3 中。如图 6 - 58 所示为风速为 11m/s 时系统的功率关系。

（7）实验结束，按照正确顺序关闭各电源。

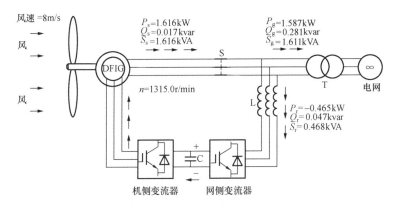

图 6-57　风速为 8m/s 时系统的功率关系图

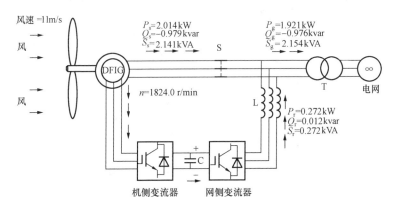

图 6-58　风速为 11m/s 时系统的功率关系图

4. 问题与思考题

分析双馈异步风力发电机定子侧、转子侧及电网功率的关系。

5. 实验报告

记录亚同步、超同步、同步三种工况下定子侧、转子侧及电网功率，根据不同风速时系统的功率关系示意，分析三者之间的关系，并总结不同工况下的差异。

思考与拓展

1. 在双馈发电机中，影响发电机电压的机械速度的因素有哪些？
2. 简述三相异步发电机的概念及在风力发电中的应用。
3. 在双馈发电机中，发电机的转速、转子电流频率和定子频率之间的关系是什么？
4. 在双馈发电机中，当转速一定时，转子电流增加了，定子电压如何变化？
5. 在双馈发电机中，当转速不断增加时，转子电流和定子电压的变化关系？

直驱永磁同步风力发电机原理及运行

第七章

第七章数字资源

直驱永磁同步风力发电机去掉了风力发电系统中常见的齿轮箱，让风力机直接拖动电机转子运转在低速状态，这样就没有了齿轮箱所带来的噪声、故障率高和维护成本大等问题，从而提高了运行的可靠性。动画39

同步电机主要作为发电机，产生交流电能。现代电力网中巨大的电能几乎全部由同步发电机提供。其中除了我们使用的有功功率之外，也同时提供了巨大的无功功率，其巨大的惯性更是电网稳定运行的"压舱石"。由于这种电机有调节电网功率因数和提高电网稳定性的功能，可以使风力机等原动机及被拖动机械运行在最佳工况。同步电机的运行是可逆的，既可以用作发电机，也可以用作电动机。同步电机的运行方式主要有三种，可以作为发电机、电动机和补偿机运行。

目前，我国主要存在的风力发电机大致分为恒速风机、双馈变速风机、直驱永磁风机三种类型，用表 7-1 进行对比描述。

表 7-1　　　　　　　　　　　我国主要的风力发电机机型对比

机型	齿轮箱	电力电子器件	变桨目的	发电效率	成本
恒速风机	有	无	调节转速	低	低
双馈变速风机	有	有	获得功率	高	高
直驱永磁风机	无	全功率	获得功率	高	高

在 2010 年左右，风电开始大规模发展，由于恒速风机低成本的特性，其在国内风电市场上一度达到近 30% 的占比。但由于恒速风机具有发电需要吸收无功、对电网波动毫无支撑作用和降低电网稳定性的特点，经过数年的实践，目前国内绝大多数新建风电场使用的风机都是双馈变速风机，其次为直驱永磁风机。那么，为什么恒速风机的大规模使用会降低电网稳定性，直驱永磁风机在这方面又有什么样的优势？在下面的章节中，请带着以上问题进行学习。

第一节　永磁电机的发展历史

1831 年，法拉第发现了电磁感应现象之后不久，他又利用电磁感应发明了世界上第一台发电机——法拉第圆盘发电机。这台发电机制构造跟现代的发电机不同，在磁场中转动的不是线圈，而是一个紫铜做的圆盘。圆心处固定一个摇柄（见图 7-1），圆盘的边缘和圆心处各与一个黄铜电刷紧贴，用导线把电刷与电流表连接起来；紫铜圆盘放置在蹄形磁铁的磁场中。当法拉第转动摇柄，使紫铜圆盘旋转起来时，电流表的指针偏向一边，这说明电路中产生了持续的电流。

法拉第圆盘发电机是怎样产生电流的呢？可以把圆盘看作是由无数根长度等于半径的紫铜辐条组成的，在转动圆盘时，每根辐条都做切割磁力线的运动。如图 7-1 所示，当辐条转到 OA 位置时，辐条和外电路中的电流表恰好构成闭合电路，电路中便产生电流。随着圆盘的不断旋转，总有某根辐条到达 OA 位置，因此外电路中便有了持续不断的电流。

法拉第圆盘发电机虽然简单，产生的电流甚至不能让一只小灯泡发光，但这是世界上第一台发电机，是它首先向人类揭开了机械能转化为电能的序幕。后来，人们在此基础上，将蹄形永久磁铁改为能产生强大磁场的电磁铁，用多股导线绕制的线框代替紫铜圆盘，电刷也进行了改进，就制成了功率较大的可供实用的发电机。

1832 年，法国人皮克希发明了一台永磁交流发电机，由于当时永久磁铁均由天然磁铁

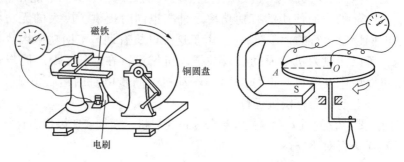

图 7 - 1 法拉第圆盘发电机及原理示意

矿石做成，磁性能很低，导致电机体积庞大，性能较差。1845 年，英国的惠斯通用电磁铁代替永久磁铁。1857 年，他发明了自励电励磁发电机，开创了电励磁方式的新纪元。由于电励磁方式能在电机中产生足够强的磁场，使电机体积小、质量轻、性能优良，在随后的 70 多年内，电励磁电机理论和技术得到了迅猛发展。20 世纪中期，随着铝镍钴和铁氧体永磁的出现以及性能的不断提高，各种微型永磁电机不断出现。1967 年，钐钴永磁材料的出现，开创了永磁电机发展的新纪元，瑞士 ABB 公司生产的用于舰船推进的 1.5MW 永磁同步电动机和德国 AEG 公司研制的用于调速系统的 3.8MW、4 极永磁同步电动机是国外永磁电机的代表。在国内，1979 年沈阳工业大学开发了 3kW、20 000r/min 稀土永磁发电机。

　　磁场是电机实现机电能量转换的基础，根据电机建立磁场的方式的不同，可分为电励磁电机和永磁电机。与电励磁电机相比，永磁电机具有以下优点：

　　（1）取消了励磁系统损耗，提高了效率。

　　（2）取消了励磁绕组和励磁电源，结构简单，运行可靠。

　　（3）稀土永磁电机结构紧凑、体积小、质量轻。

　　（4）电机的尺寸和形状灵活多样。

　　但与此同时，永磁电机也具有以下缺点：

　　（1）永磁体的"永磁"效果尚待时间验证。

　　（2）控制逻辑较为复杂，普通运行维护人员无法上手。

　　（3）磁体易受腐蚀，故障需要整机维护，很难适应海上风电。

第二节　同步电机的结构与原理

一、同步电机的基本结构

　　同步电机的定子结构与异步电机相似，而转子结构有着自己的特点。通常三相同步电机的定子上有三相对称交流绕组（同步电机的电枢），在定子铁芯上开有槽，槽内安置三相绕组，转子上装有磁极和励磁绕组（也可以是永久磁铁的转子）。当励磁绕组通以直流电流时，转子将会在电机的气隙中建立恒定磁场，称为励磁磁场（也称主磁场、转子磁场）。

　　定子、转子之间气隙层的厚度和形状对电机内部磁场的分布和同步电机的性能有很大影响。同步电机的结构如图 7 - 2 所示。

　　按照磁极的形状分类，同步发电机可分为隐极式和凸极式。如图 7 - 3 所示为旋转磁极式同步电机结构简图。

二、永磁同步电机（PMSM）的结构和基本特性

PMSM（permanent magnet synchronous motor）是一种交流同步电机。PMSM 的定子和普通的鼠笼电机一样是三相绕组，但是转子绕组是永磁体，总是存在转子磁通耦合。永磁体可以安装在转子的表面或内部。如图 7-4 所示为几种不同的转子结构。

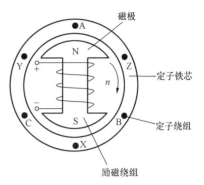

图 7-2　同步电机的结构

嵌入式永磁同步电机的特性与表面式永磁同步电机的本质特性相差较大。对于嵌入式永磁体，转子磁通有两个不同的方向：垂直轴方向 d 和正交轴方向 q。因此，电机是凸极 PMSM，磁感应强度比表面式永磁同步电机高，较高的磁感应强度拓宽了电机在弱磁区的工作范围。

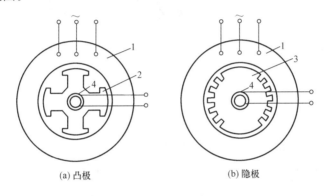

(a) 凸极　　　　　　　　　　(b) 隐极

图 7-3　旋转磁极式同步电机结构简图
1—定子；2—凸极转子；3—隐极转子；4—集电环

(a) 表面式永磁体

(b) 嵌入式矩形永磁体

(c) 倾斜嵌入式带特殊转子极对数的永磁体

图 7-4　几种不同的转子结构

如图 7-5 所示为 4 级电机中 d 向和 q 向磁通。永磁体在 d 方向对电机进行磁化。在没有脉冲编码器反馈信号的应用场合，如果要将永磁同步电机从静止状态启动，PMSM 变频器要进行磁感应强度/磁通测量。为了平稳启动，电机应该有一些凸极（即在 d 方向和 q 方向的电感不同），另外为了确定转子永磁体的磁通方向，在 d 方向上应该出现磁饱和。

下面以 Z72 发电机为例，介绍风机中的同步永磁发电机。如图 7-6 所示，发电机由 ABB 芬兰公司和湘潭电机制造，是 60 级的同步永磁发电机。永磁设计可以减少风机的故障，并减少维护次数。定子绕组采用真空浸漆，绝缘电压为低压发电机通用绝缘电压

1kV。发电机和轴承直接用螺栓连接到机舱上。发电机的质量是 49 000kg，直径和长度是 3.8m、2.2m。定子的每个相位都要装有一个 Pt 温度传感器（另外再设三个备用传感器），一个 Pt 温度传感器用于冷却温度（空隙的温度）测量；另外两个 Pt 温度传感器用于主轴承温度的测量。主轴承上的两个传感器用电线连接到发电机的单独接线盒中，与机舱控制柜（540A001）连接，由风力发电机组控制系统监控。

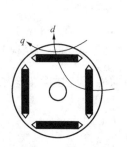
图 7 - 5　d 向和 q 向磁通

图 7 - 6　Z72 发电机结构示意

三、工作原理

1. 同步发电机工作原理

作为发电机，当原动机拖动转子旋转时，转子绕组作为励磁绕组通以直流励磁电流，建立极性相间的励磁磁场，即主磁场。定子绕组顺次与主磁场切割，定子绕组中将会感应出大小和方向按周期性变化的三相对称交变电动势。通过引出线，即可提供交流电源。电机的极对数、转速一定，电机发出的交流电动势的频率一定。如图 7 - 7 和图 7 - 8 所示为 2 极同步发电机和 4 极同步发电机的原理图。

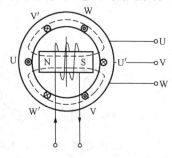
图 7 - 7　2 极同步发电机原理图

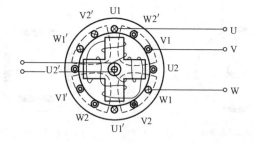
图 7 - 8　4 极同步发电机的原理图

感应电势的频率为

$$f = \frac{Pn}{60} \tag{7-1}$$

式中　　f——频率，Hz；

$\quad\quad\quad P$——电机的极对数；

$\quad\quad\quad n$——转速，r/min。

2. 同步电动机工作原理

首先给同步电机的定子绕组上施以三相交流电压，电机内部便产生一个旋转磁场。旋转

磁场的转速为

$$n_1 = \frac{60f}{P} \tag{7-2}$$

这时转子绕组加上直流励磁，则转子将在定子旋转磁场的带动下，沿定子磁场的旋转方向以相同的转速旋转，转子的转速为

$$n = n_1 = \frac{60f}{P} \tag{7-3}$$

3. 同步转速

交流电网的频率应该是一个不变的值，这就要求发电机的频率应该和电网的频率一致。我国电网的频率为 50Hz，故转子的转速为

$$n = \frac{60f}{P} = \frac{3000}{P} \tag{7-4}$$

要使发电机供给电网 50Hz 的工频电能，发电机的转速必须为固定值，这个固定值称为同步转速，即与定子旋转磁场的转速 n_1 相同。只有运行于同步转速，同步电机才能正常运行，这就是同步电机名称的由来。因此，同步电机具有以下特点：

(1) 转子的转速 n 与电网频率 f 之间具有固定不变的关系，转速 n 称为同步转速。

(2) 若电网的频率不变，则同步电机的转速恒为常值而与负载的大小无关。

在这里必须强调的是，由于我国电网频率一直以来都是 50Hz，不存在电网频率变化的情况（例如日本关东关西分别是 50Hz 和 60Hz），所以不管使用调节转速或者齿轮箱或者逆变器，风机最后上网（到箱型变压器）的电必须是 50Hz。

4. 同步电机的励磁方式

同步发电机励磁系统是同步发电机系统的重要组成部分，其主要任务是通过调节发电机励磁绕组的直流电流，控制发电机机端电压恒定，满足发电机正常发电的需要。同时控制发电机组间无功功率的合理分配，因此同步发电机励磁系统直接影响发电机的运行特性，在电力系统正常运行或事故运行中，同步发电机的励磁系统起着重要的作用。根据发电机励磁系统励磁电源取自何处，励磁方式可分为自励和他励；他励又可分为直流发电机作为励磁电源的直流励磁机励磁系统、旋转的交流整流励磁系统。风力同步发电机按照励磁形式不同，有永磁同步发电机和电励磁同步发电机两种。

四、三相同步电机的铭牌参数

额定容量 S_N（单位为 VA、kVA、MVA 等）或额定功率 P_N（单位为 W、kW、MW 等），指电机输出功率的保证值。发电机通过额定容量可确定额定电流，通过额定功率可以确定配套原动机的容量。电动机的额定容量一般都用 kW 表示，调相机则用 kVA 表示。

额定电压 U_N（单位为 V、kV 等）：指电机在额定运行时定子输出端的线电压。

额定电流 I_N（单位为 A）：指电机在额定运行时定子的线电流。

f_N（单位为 Hz）：额定运行时电机定子端电能的频率，我国标准工频为 50Hz。

额定功率因数：额定运行时电机的功率因数。

额定转速 n_N（单位为 r/min）：额定运行时电机的转速，即同步转速。

额定励磁电压 U_{fN} 和额定励磁电流 I_{fN}。

除上述额定值外，同步电机铭牌上还常列出一些其他的运行数据，例如额定负载时的温升、励磁容量。

第三节　永磁电机的磁路结构

永磁电机与电励磁电机的电枢结构相同，主要区别在于前者的磁极为永磁体。永磁电机磁路的形式多种多样，有许多不同的分类方法。

1. 按永磁体所在的位置分类

按永磁体所在的位置不同，可分为旋转磁极式和旋转电枢式。如图 7 - 9（a）所示为旋转磁极式磁路结构，其永磁体在转子上，电枢是静止的；如图 7 - 9（b）所示为旋转电枢式磁路结构，其永磁体在定子上，电枢旋转，永磁直流电机采用该种磁路结构。

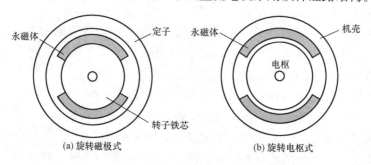

（a）旋转磁极式　　　　　　　　　（b）旋转电枢式

图 7 - 9　旋转磁极式和旋转电枢式结构

2. 按永磁体安置方式分类

按永磁体安置的方式不同，可分为表面式和内置电枢式，如图 7 - 10 所示。表面式磁极的永磁体直接面对气隙，具有加工和安装方便的优点，但永磁体直接承受电枢反应的去磁作用，而这一点也是风电场运行人员担心的随着时间的推移永磁体的"永磁"效果是否能够继续维持的原因之一；内置式磁极的永磁体置于铁芯内部，加工和安装工艺复杂，漏磁大，但可以放置较多的永磁体以提高气隙磁密、减小电机的质量和体积。

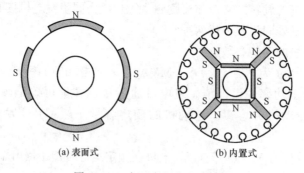

（a）表面式　　　　　　　　　（b）内置式

图 7 - 10　表面式和内置式结构

3. 按永磁体的形状分类

根据永磁体的形状不同，可分为瓦片形磁极、弧形磁极、环形磁极、爪极式磁极、层形磁极和矩形磁极。

第四节　永磁发电机的磁场与磁通方向

　　直驱风力发电机对发电机有特殊的要求，因为风力机转速低，直驱风力发电机要能在低转速下正常发电，但低转速发电机体积通常很大，缩小体积是主要的技术要求，缩小直径或缩短厚度（盘式电机）都是重要的。为了实现这些目的，直驱风力发电机采用了与常规电机不同的结构，结构不同主要表现在定子与转子的相对位置上，也就是磁场或磁路上，下面对几类电机结构做简单介绍。

一、按气隙磁通方向分类

1. 径向气隙磁通

　　发电机依靠转子对定子的相对运动来发电，在定子与转子之间的间隙称为气隙。在传统电机结构中，定子在外围，转子在中间旋转［见图 7 - 11（a）］；定子与转子之间的间隙为柱面［见图 7 - 11（b）］，图中半透明的柱面即为气隙面，磁力线垂直于气隙面，与所在点直径方向平行，称为径向气隙磁通。径向气隙磁通广泛应用在传统的发电机与电动机中。

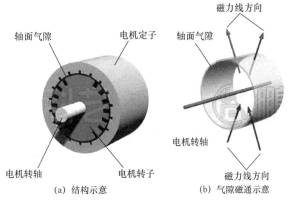

(a) 结构示意　　　　　(b) 气隙磁通示意

图 7 - 11　径向气隙磁通

2. 轴向气隙磁通

　　在多数盘式结构电机中，定子与转子都呈盘型结构，两者间的气隙是与电机转轴垂直的平面［见图 7 - 12（a）为表示清楚，夸大了定子与转子的距离］；气隙平面用半透明表示［见图 7 - 12（b）］。磁力线垂直于气隙面，与转轴方向平行，称为轴向气隙磁通。

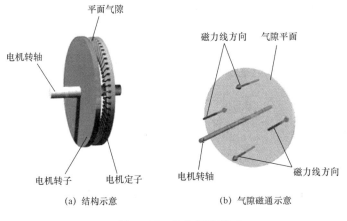

(a) 结构示意　　　　　(b) 气隙磁通示意

图 7 - 12　轴向气隙磁通

二、按定子磁通方向分类

1. 纵向定子磁通

　　磁力线穿过电机定子与转子形成闭合回路，是一个环绕的磁通。传统电机的环绕磁通所在平面与转子运动方向平行，称为纵向定子磁通，简称纵向磁通。如图 7 - 13 所示为纵向定子磁通的示意，展示了一段拉直的定子与转子中的磁通回路。

2. 横向定子磁通

　　横向磁通是一种新型的电机结构。如图 7 - 14（a）所示为一段拉直的定子与转子布置示意，定子铁芯采用 U 形结构，图中有两个 U 形定子铁芯（整个电机有若干个 U 形定子铁芯），铁芯中部是定子线圈导线。转子与 U 形定子铁芯间有气隙，图 7 - 14（b）把 U 形定子铁芯变为半透明状态，显示出 U 形定子铁芯内磁力线，也就是磁通回路，该回路所在平面与转子运动方向垂直，称这种结构形式为横向定子磁通，简称横向磁通。

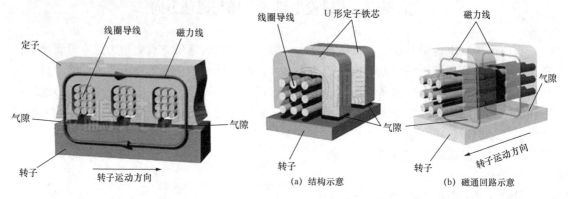

图 7-13　纵向定子磁通

图 7-14　横向定子磁通

三、按永磁体的安装方式分类

1. 表面安装

永磁体的安装分为表面安装与聚磁安装。

如图 7-15 所示，永磁体安装在转子磁轭面上，永磁体的磁通直接穿过气隙进入定子，简单说就是永磁体磁通与气隙平面垂直。

2. 聚磁安装

如图 7-16 所示的永磁体嵌装在转子磁轭内，其磁通通过磁轭穿过气隙进入定子。永磁体磁通方向与气隙平面平行，称为聚磁安装。

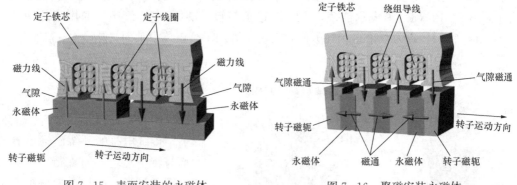

图 7-15　表面安装的永磁体

图 7-16　聚磁安装永磁体

表面安装相对聚磁安装要简单一些；聚磁安装可用磁通面积较大的永磁体，有利于提高气隙磁通密度。聚磁安装的永磁体可与气隙平面有一定夹角，也可与表面安装混合运用。

当今多数的低速风力发电机是永磁发电机。根据永磁发电机中主磁通方向的不同，可以把发电机分成径向磁通发电机、轴向磁通发电机和横向磁通发电机三大类。

在径向磁通发电机中导体电流呈轴向分布，主磁通沿径向从定子经气隙进入转子，这是最普通的永磁发电机形式。它具有结构简单、制造方便、漏磁小等优点。径向磁场永磁发电机可分为永磁体表贴式和永磁体内置式两种。

径向磁场电机用作直驱风力发电机，大多为传统的内转子设计，风力机和永磁体内转子同轴安装，这种结构的发电机定子绕组和铁芯通风散热好，温度低，定子外形尺寸小；也有一些外转子设计，风力机与发电机的永磁体外转子直接耦合，定子电枢安装在静止轴上，这种结构具有永磁体安装固定、转子可靠性好和转动惯量大的优点；缺点是对电枢铁芯和绕组通风冷却不利，永磁体转子直径大，不易密封防护、安装和运输。径向磁场式电机结构简单、稳定，应用广泛，多数低速直驱风力发电机都采用径向磁场式结构。

轴向磁通发电机的绕组物理位置被转移到端面，电机的轴向尺寸相对较短。与径向磁场电机相比，轴向磁通电机的磁路长度要短些。电机中导体电流呈径向分布，有利于电枢绕组散热，可取较大电负荷。其中，双定子中间转子盘式结构用得较多，它具有结构紧凑、转动惯量大、通风冷却效果好、噪声低、轴向长度短、可多台串联等优点，便于提高气隙磁密、提高硅钢片利用率；缺点是直径大、永磁材料用量大、结构稳定性差。在永磁体结构轴向不对称时，存在单边磁拉力，如果磁路设计不合理，漏磁通大，在等电磁负荷下，效率略低。

横向磁通电机是一种新型结构的电机，具有较高的转矩密度，在许多低速大转矩应用领域受到关注，并有待于深入研究。

第五节　永磁同步发电机的控制特性

由于直驱风力发电机的风轮机与低速永磁发电机轴直接耦合，因此风能的随机和风速的变化，导致风轮机的转速随之变化，从而发电机的转速也跟随风速的变化而发生变化。这一点和恒速恒频风机不一样，变桨控制逻辑也不一样。永磁同步发电机的转子磁极是用永久磁钢制成的，通过对磁极极面形状的设计使其在定子、转子之间的气隙中产生呈正弦分布的转子磁场，该磁场随转子以同步速度旋转。永磁同步发电机的定子磁场是由定子绕组中通以对称的交流电建立的，定子磁场在定子、转子气隙中也呈正弦分布并以同步速度旋转，因此当负载一定时，定子、转子旋转磁场之间的差角——功率角是恒定的，通过折算并保持功率角为 $90°$。这样，永磁同步发电机就和直流发电机基本相同了，可以实现解耦控制，即转子磁场定向的矢量控制。

永磁同步发电机在空载运行时，空载气隙基波磁通在电枢绕组中产生励磁电动势 E_0（V）；在负载运行时，气隙合成基波磁通在电枢绕组中产生气隙合成电动势 E_δ（V），计算公式如下：

$$E_0 = 4.44 f N K_{dp} \Phi_{\delta_0} K_\Phi \qquad (7-5)$$

$$E_\delta = 4.44 f N K_{dp} \Phi_{\delta_N} K_\Phi \qquad (7-6)$$

式中　f——电源频率；

　　　N——电枢绕组每相串联匝数；

　　　K_{dp}——电枢绕组的绕组系数；

　　　K_Φ——气隙磁通的波形系数；

　　　Φ_{δ_0}——每极空载气隙磁通；

　　　Φ_{δ_N}——每极气隙合成磁通。

空载气隙磁通和气隙合成磁通与永磁材料性能、转子磁路结构形式和具体尺寸有关。

永磁同步发电机的三相定子、转子空间分布如图 7-17 所示，三相绕组在空间对称分布，沿逆时针方向各绕组轴线互差 $120°$ 电角度，转子按逆时针方向旋转，在上述规定

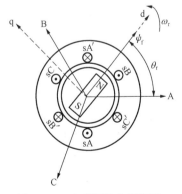

图 7-17　永磁同步电机定子、
转子空间分布图

注：ω_r—转子角速度；ψ_f—转子磁链；
θ_r—永磁体磁链。

下，定子绕组将产生三相正序电压。

根据转子磁场定向得到的同步旋转坐标系下的永磁同步发电机的定子电压方程为

$$\begin{cases} \dfrac{\mathrm{d}i_{sd}}{\mathrm{d}t} = \dfrac{R_a}{L_d}i_{sd} + \omega_e \dfrac{L_q}{L_d}i_{sq} + \dfrac{1}{L_d}u_{sd} \\ \dfrac{\mathrm{d}i_{sq}}{\mathrm{d}t} = \dfrac{R_a}{L_q}i_{sq} - \omega_e \left(\dfrac{L_q}{L_d}i_{sd} - \dfrac{1}{L_q}\psi_f \right) + \dfrac{1}{L_q}u_{sq} \end{cases} \tag{7-7}$$

式中 ω_e——电角频率；

ψ_f——转子的磁链；

L_d、L_q——发电机的 d 轴和 q 轴电感；

i_{sd}、i_{sq}——永磁同步发电机定子输出电流的 d 轴和 q 轴分量；

u_{sd}、u_{sq}——永磁同步发电机定子输出电流、电压的 d 轴和 q 轴分量。

假设发电机 d 轴和 q 轴电感相等，即 $L_d = L_q = L$，式（7-7）可变形为

$$\begin{cases} \dfrac{\mathrm{d}i_{sd}}{\mathrm{d}t} = \dfrac{R_a}{L}i_{sd} + \omega_c i_{sq} + \dfrac{1}{L}u_{sd} \\ \dfrac{\mathrm{d}i_{sq}}{\mathrm{d}t} = \dfrac{R_a}{L}i_{sq} - \omega_e \left(i_{sd} - \dfrac{1}{L}\psi_f \right) + \dfrac{1}{L}u_{sq} \end{cases} \tag{7-8}$$

永磁同步发电机在 dq 轴同步旋转坐标系下的等效电路如图 7-18 所示。

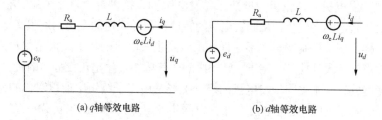

(a) q 轴等效电路　　　　　　(b) d 轴等效电路

图 7-18　永磁同步发电机等效电路图

永磁同步发电机电磁转矩的表达式为

$$T_e = \frac{3}{2}n_p \left[(L_d - L_q)i_{sd}i_{sq} + i_{sq}\psi_f \right] \tag{7-9}$$

风力发电用永磁同步发电机的永磁体多采用径向表面式分布，即 $L_d = L_q$，此时发电机的电磁转矩可简化为

$$T_e = \frac{3}{2}n_p\psi_f i_{sq} \tag{7-10}$$

式中 n_p——发电机的极对数。

由式（7-10）可以看出，发电机的电磁转矩与定子 q 轴电流成正比，因此通过调节 i_{sq}，即可调节永磁同步发电机的电磁转矩，进而调节发电机和风力机的转速，使之跟随风速变化，运行于最佳叶尖速比状态。

如前所述，发电机上网的频率必须是 50Hz，如果发电机的转速随风速变化偏离同步转速时，输出的电能岂不是会偏离 50Hz 吗？的确如此，但发电机也只是直驱同步风力发电系统中的第一个环节而已。接下来就可以看到频率是如何变成 50Hz 的。

直驱同步风力发电系统主要包含风力机、永磁同步发电机、电力电子变流系统、控制系统等，其基本结构如图 7-19 所示。

直驱风力发电系统的风力机与发电机转子直接耦合，所以发电机的输出端电压、频率随风速的变化而变化，要实现风力机组并网，需要保证机组电压的幅值、频率、相位、相序与电网保持一致。其基本原理是首先将风能转化为幅值和频率变化的交流电，再经整流之后变为交流，然后经逆变器变换为三相频率恒定的交流电送入电网。通过中间的电力电子变换环节来对系统的有功和无功功率进行控制，以达到最大风能追踪的目的。

直流环节主要由电容组成，其作用是将机侧整流器所整的直流电压稳定在一个固定值，如图 7 - 20 所示。

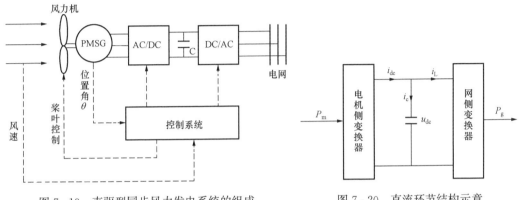

图 7 - 19　直驱型同步风力发电系统的组成　　图 7 - 20　直流环节结构示意

P_m 为机侧输出的瞬时功率，P_g 为电网侧吸收的瞬时功率。P_m 经机侧变流器后，原来的交流电变成了直流电，再经过中间的直流环节，功率传送到网侧变流器，而网侧变流器的任务就是将机侧变换后的直流电逆变成频率、幅值、相位符合要求的交流电，最后并入交流电网，最终实现能量的平稳传输。那么无论风力发电机输出的电压与频率如何，经过 AC - DC - AC 操作，最终都会变成 50Hz 的工频交流电连上电网。

由图 7 - 20 可知，直流侧经过电容 C 的电流为

$$i_\mathrm{c} = \frac{\mathrm{d}u_\mathrm{dc}}{\mathrm{d}t} = i_\mathrm{dc} - i_\mathrm{L} \tag{7 - 11}$$

机侧输出的瞬时功率为

$$P_\mathrm{m} = u_\mathrm{dc} i_\mathrm{dc} \tag{7 - 12}$$

网侧吸收的瞬时功率为

$$P_\mathrm{g} = u_\mathrm{dc} i_\mathrm{L} \tag{7 - 13}$$

因此，要使得 $P_\mathrm{m} = P_\mathrm{g}$，$u_\mathrm{dc}$ 应为常数，需要对 u_dc 采用闭环控制。

由此可见，比起双馈风力发电系统，直驱同步风力发电系统对于电力电子器件的依赖程度更高，发电机发出的功率全部经过电力电子器件进行整流逆变后方能上网。这样做的好处是对发电机发出的有功功率和无功功率进行了完全解耦，对电网稳定性来说更加友好；但缺点就是需要更多更高功率的电力电子器件，在电子器件的控制上也有着更高的要求，相应地增加了成本。

第六节　永磁同步发电机功率控制器拓扑结构

PMSG 风力发电系统如图 7-21 所示。永磁同步发电机直接与风轮机相连接，再通过全功率控制的变-直-交电路连接到电网上，功率变换电路由整流器、直流电路环节、逆变器组成。发电机首先将风能转化为频率和幅值变化的交流电，经过整流之后变为直流，然后经过三相逆变器变换为三相电压和频率均恒定的交流电传递到电网。

1. 不控整流后接逆变器拓扑

不控整流后既可以接电流源型逆变器又可以接电压源型逆变器。如图 7-21 所示的逆变器由晶闸管构成，早期的并网风机大都采用这种拓扑结构。晶闸管虽具有成本低、功率等级高等优点，但是晶闸管逆变器在工作时需要吸收无功功率，而且在电网侧也会产生较大的谐波电流，因此系统需要增加补偿系统来进行谐波抑制和无功补偿。这样一来，势必会使系统的控制变得复杂，而且会加大系统的成本。与图 7-21 相比，图 7-22 则比较容易实现自换流，能减小谐波分量，甚至可以省去补偿系统，此种拓扑是由不控整流接全控型器件构成的逆变器结构。

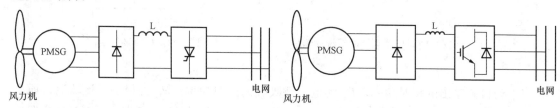

图 7-21　晶闸管构成的逆变器　　　　　　图 7-22　全控型器件构成的逆变器

不控整流后接电压源型逆变器的拓扑结构如图 7-23 所示，此种结构的特点是将变频变幅的交流电通过不控整流之后得到的直流电，直接通过由全控型器件组成的电压源型逆变器并入电网。

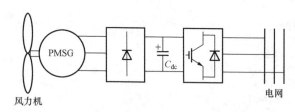

图 7-23　不控整流后接电压源型逆变器

与晶闸管变流器相比，此种拓扑的优点是可以提高开关频率，减少谐波污染；并且可以通过控制逆变器输出调制电压的幅值和相位，灵活调节系统输出到电网的有功功率和无功功率，进而调节 PMSG 的转速，使其工作在最佳叶尖速状态，实现最大风能捕获；缺点是不能直接调节 PMSG 的电磁转矩，动态响应慢，并且当风速在较大范围内变化时，电压源型逆变器的调节作用很有限。在综合成本、动态响应和效率等因素的前提下，电压源型 PWM 逆变器具有较大的优势，因此目前小型风电机组中大多采用图 7-23 的拓扑结构。

2. 不控整流后接 DC/DC 变换再接逆变器拓扑

这种拓扑在结构上与上述拓扑的明显区别是中间增加了一个 DC/DC 变换环节，作用是可以校正输入侧的功率因数，提高发电机的运行效率。通过调节 DC/DC 变换器可以保持直流侧电压的稳定，同时可以对永磁同步电机的转矩和转速进行控制，保持变速恒频运行，实现最大风能捕获。如图 7-24 所示为不控整流后接 DC/DC 变换再接逆变器的拓扑结构。

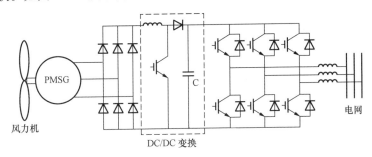

图 7-24　不控整流后接 DC/DC 变换再接逆变器

系统通过加入 DC/DC 变换环节，可使直流输入电压等级提高，系统控制简单，控制方法灵活，开关器件利用率高，逆变器有输入电压稳定、逆变效果好、谐波含量低、经济性好等优点。在实际应用当中，目前小功率和兆瓦级直驱风电系统大多采用此种拓扑。国外风电公司 Enercon 直驱风电系统 E82 使用的就是这种拓扑结构。

3. 背靠背双 PWM 变流器拓扑

双 PWM 变流器由电机侧变流器和电网侧变流器构成，其拓扑结构如图 7-25 所示。电机侧变流器通过调节定子侧的 d 轴和 q 轴电流，分别可以控制发电机的电磁转矩和定子的无功功率，使发电机变速恒频运行，可在额定风速以下捕获最大风能。电网侧变流器通过调节网侧的 d 轴和 q 轴电流，可以实现输出有功和无功功率的解耦控制、直流侧电压控制及输出并网。除此之外，还能灵活地实现发电机的启动和制动等功能。

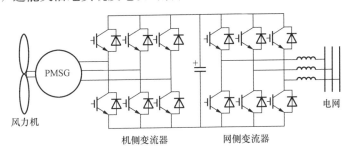

图 7-25　背靠背双 PWM 变流器

第七节　直驱永磁风电系统的控制策略

直驱永磁风力发电机系统是一个高阶的非线性强耦合的多变量系统，采用常规的控制方法将十分复杂，而且效果难以令人满意；而矢量控制可以在坐标变换的基础上，简化电机内部各变量间的耦合关系，简化控制。采用矢量控制技术可使得交流电机具有和直流电机某些方面一样的控制效果。

一、风力机最大风能捕获原理

风能是一种能量密度低，稳定性较差的能源，由于风速风向的随机性变化，导致风力机叶片攻角不断变化，使叶尖速比偏离最佳值，风力机的空气动力效率及输入到传动链的功率发生变化，影响了风电系统的发电效率并引起转矩传动链的振荡，会对电能质量和接入电网产生影响，对小电网甚至会影响其稳定性。当风速变化时，通过调节发电机电磁转矩或风轮桨距角，使叶尖速比保持最优值，实现风能的最大捕获。

根据前面风机的知识可知，一定的风速对应一最优的角速度，风机运行在此角速度时捕获最多的风能。因此为了使风机始终能捕获最大的风能，必须根据风速的变化对风机的转速进行实时调整，即进行最大功率点追踪控制。

风力机的机械输出转矩 T_w 可表示为

$$T_w = \frac{1}{2}\rho\pi R^3 V_w^2 C_P(\theta,\lambda)/\lambda \tag{7-14}$$

风力机从风中捕获的功率 P_w 满足

$$P_w = T_w\omega_w \tag{7-15}$$

上两式中　　ρ——空气密度；

R——叶轮半径；

V_w——风速；

C_P——功率系数；

θ——桨距角；

λ——叶尖速比；

ω_w——风机角速度。

其中，C_P 为与桨距角 θ 和叶尖速比 λ 有关的功率系数，其表达式为

$$C_P = 0.22(116/\beta - 0.4\theta - 5)\mathrm{e}^{\frac{-12.5}{\beta}} \tag{7-16}$$

其中

$$\beta = 1 \Big/ \left(\frac{1}{\lambda - 0.08\theta} - \frac{0.035}{\theta^3 + 1}\right)$$

当系统正常工作时，θ 通常保持不变。图 7-28 所示为 C_P 在某固定 θ 下与 λ 的对应关系，C_P 理论上的最大值约为 0.593，但实际上，由于风向波动及机械损耗等其他因素，其最大值只能达到 0.4 左右。

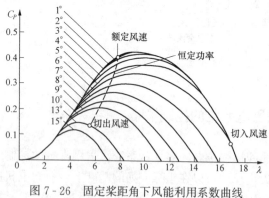

图 7-26　固定桨距角下风能利用系数曲线

变桨距风力机是定桨距风力机的改进和发展，但定桨距风力机特性是变桨距风力机特性的基本情况，具有代表意义，是讨论最大风能追踪的依据。固定桨距角下风能利用系数曲线如图 7-26 所示。

对风力发电机系统而言，输入机械转矩特性相当重要，与之相对应的是风力机的输出机械功率和转速的关系曲线。可设定一种风速，然后取不同的转速计算出相应的 λ，查出对应的 C_P 值，代入式（7-14）和式（7-15），即可得到该风速下风力机输出机械功率和转速的关系曲线。设定不同的风速，重复上面的过程，就可以得到风力机在不同风速下风力机输出机械功率和转速的关系，这就是风力机输出机械功率特性曲线。如图 7-27 所示即为一组在不同风速下风力机的输出机械功率特性曲线。

根据上述分析可知，当桨距角 θ 一定时，风能利用系数 C_P 只有在叶尖速比 λ 为某一值 λ_{opt} 时，才取得最大值 C_{Pmax}。由不同风速下风轮的输出机械功率与转速的关系，可以看出在某一风速下，风力机的输出功率随转速的不同而变化，其中有一个最佳转速，在该转速下风轮输出最大的机械功率。该转速与风速的关系对应着最佳叶尖速比 λ_{opt} 和最大风能利用系数 C_{Pmax}。在不同风速下均有一个最佳的转速使风力机输出最大机械功率。将不同风速下的最大功率点连起来就得到一条最大功率曲线 P_{max}，处于这条曲线上的任何点，其转速与风速的关系均为最佳叶尖速比关系。变速恒频风力发电技术可以通过控制发电机输出功率的办法，使得在不同风况下，

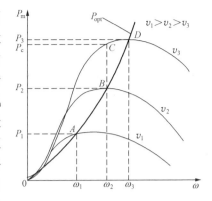

图 7 - 27　风力机输出机械功率
特性曲线

风力机都能运转在最佳的叶尖速比 λ_{opt}，从而跟踪这条最大功率曲线 P_{opt}，有效地提高了风轮的风能转换效率。如图 7 - 27 所示，不同风速下风力机的功率 - 转速曲线组成了曲线簇，每条功率 - 转速曲线上最大功率点的连线称为风力机的最佳功率曲线。风力机运行在最佳功率曲线上将会输出最大功率 P_{max}。

下面定性分析最大风能捕获过程。如图 7 - 27 所示，假设原来在风速 v_2 下，风力机稳定运行在最佳功率曲线的 B 点，对应着该风速下的最佳转速 ω_2 和最大的机械功率 P_2，此时发电机输入的机械功率等于发电机系统输出的功率。如果某一时刻风速突然升高至 v_3，风力机马上就会由 B 点跳至 v_3 风速下功率曲线上的 C 点运行，其输出机械功率由 P_2 突变到 P_C，由于大的机械惯性作用和控制系统的调节过程滞后，发电机仍然运行在 B 点，此时发电机输入的机械功率大于发电机系统输出的功率，功率的不平衡，将导致发电机转速马上升高。在这个变化过程中，风力机和发电机将分别沿着 v_3 风速下功率曲线的 CD 轨迹和最佳功率曲线的 BC 轨迹运行，当分别运行至风力机功率曲线和最佳功率曲线的交点 D 时，功率将重新达到平衡。此时，转速稳定在对应于风速 v_3 的最佳转速 ω_3，风力机输出最大的机械功率 P_3。同理，也可以分析风速从高到低变化，最大风能捕获过程和转速的调节过程。

前面我们已经讨论过了变速风力机的运行方式，要保证最大限量地将捕获的风能转化为电能，变速风电系统目前一般采用最大功率追踪控制（MMPT）算法控制。最大功率捕获的办法有 3 种：叶尖速比控制、功率信号反馈、爬山搜索法。叶尖速比控制的目的是使系统在风速变化时能保持一个最优的叶尖速比，以获得最大功率。

二、变流器控制策略

直驱永磁风力发电系统变流器控制策略采用双 PWM 全功率变流器，控制系统可以分为两部分：一部分是发电机侧的整流器控制，控制目标是将永磁同步发电机发出的频率和电压幅值均变化的交流电整流成直流电，将永磁同步发电机发出的频率和电压幅值均变化的交流电整流成直流电，控制与永磁同步发电机间的无功交换；另一部分是电网侧逆变器控制，控制目标是将直流电逆变为与电网同频率、同幅值的交流电，维持直流侧电压恒定，根据电网需求实现与电网间的无功交换。

系统控制策略如图 7 - 28 所示。对于电机侧变流器来讲，通过转子磁场定向控制，将定子电流的合成矢量 i_s 定向在永磁同步发电机 dq 坐标系下的 q 轴上。这样，定子电流全部用

来产生电磁转矩, 励磁分量 $i_d = 0$, 此时单位定子电流可获得最大转矩, 实现对发电机的最大转矩、最小电流、最大效率、最小损耗的控制。对于 $i_d = 0$ 控制方式而言, 定子电流中只有交轴分量, 相应地电磁转矩中只有转矩分量而不包含磁阻转矩, 且定子磁动势矢量与永磁体磁场矢量正交。采用该方法时, 电枢反应没有直轴去磁分量不会产生去磁效应, 因此不会出现因退磁而使电机性能变差的现象, 所以能保证电磁转矩和电枢电流成正比。实际系统中常按转子磁链定向来设计调速系统, 定子电流与转子永磁体磁通互相独立 (解耦), 因此控制系统简单、转矩特性好, 可以获得很宽的调速范围。

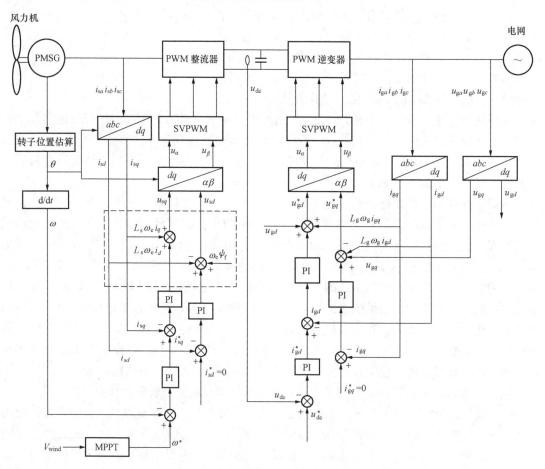

图 7 - 28 直驱永磁风电系统控制策略结构图

机侧采用速度外环、电流内环双闭环控制方式。其中外环的速度参考值 ω^* 由最大功率点跟踪算法给出, 根据发电机实际转速和输出有功功率变化得出一个最优速度 ω^*, 与实际电机速度相比较, 再经过比例 - 积分控制器得到有功电流的参考值 i_q^*, 无功电流参考 $i_q^* = 0$, 发电机的电磁转矩 $T_e = 1.5P\psi_f i_q$, 即发电机的电磁转矩与有功电流成正比, 只要调节 i_q, 就可以完全控制发电机转矩, 进而改变发电机的转速, 跟踪最优的 ω^*, 此时发电机重新达到稳定, 发电机电气转矩等于风机机械转矩。图 7 - 28 中, θ 为永磁同步发电机的转子位置角, 转子位置角可通过基于定子磁链的估算方法得到。在电流内环控制中, 首先检测发电机的三相电流 i_{sa}、i_{sb}、i_{sc}, 对其进行旋转坐标变换得到 i_{sd}、i_{sq} 如下:

$$\begin{bmatrix} i_{sd} \\ i_{sq} \end{bmatrix} = \begin{bmatrix} \cos\theta\cos(\theta - 2\pi/3)\cos(\theta - 2\pi/3) \\ -\sin\theta - \sin(\theta - 2\pi/3) - \sin(\theta - 2\pi/3) \end{bmatrix} \tag{7-17}$$

图 7-28 中虚线框为电压前馈控制，通过电压前馈控制解除了 d 轴与 q 轴之间的耦合电压 $L_s\omega_s i_{sq}$ 和 $\omega_s\psi_0 - L_s\omega_s i_{sq}$。最后得到了所要调制的电压分量 u_{sd} 和 u_{sq}，经过旋转坐标反变换得到静止坐标系下的电压分量 u_α 和 u_β，然后送入 SVPWM 调制器进行调制，最终产生电机侧变流器所需要的驱动信号，实现功率的传输。

通常对网侧变换器采用电网电压定向的矢量控制，网侧变流器输出的有功功率和无功功率为

$$\begin{cases} p_g = u_{gd}i_{gd} + u_{gd}i_{gd} \\ Q_g = u_{gd}i_{gd} - u_{gd}i_{gd} \end{cases} \tag{7-18}$$

网电压综合矢量定向在 d 轴上，则电网电压在 q 轴上投影为 0，即 $u_{gq} = 0$，则此时

$$\begin{cases} P_g = u_{gd}i_{gd} \\ Q_g = u_{gd}i_{gd} \end{cases} \tag{7-19}$$

由式（7-19）可以看出，调节电流矢量在 d、q 轴分量就可以独立控制变流器的有功功率和无功功率，这样就实现了有功功率和无功功率的解耦。其控制策略为直流电压外环控制和无功电流 i_{gq}^* 闭环控制、内环为电流环的双闭环控制。该种控制策略中，中间直流母线电压由电网侧来稳定，同时电网侧还承担调节电网功率因数的任务。当控制 i_q 为零时，电网侧的功率因数为 1，实现网侧的单位功率因数控制。在电压外环中，由直流侧电压的实际信号 u_{dc} 与参考信号 u_{dc}^* 进行差值比较之后进行 PI 调节，可以得出网侧 d 轴电流的给定信号，对 d、q 轴电流分别进行 PI 调节，并加上交叉耦合电压补偿项，便可得到最终的 d、q 轴控制电压分量 u_{gd}^* 和 u_{gq}^*，再经过旋转坐标反变换得到静止坐标系下的电压分量 u_α 和 u_β，然后通过 SVPWM 空间矢量控制便可得到网侧变流器所需要的驱动信号。

第八节　项目拓展训练

THNRWP-1 永磁同步风力发电实验系统由模拟风力机、发电机、变流器及电网四部分组成。本系统采用直流电机来模拟风力机，通过风电上位机软件，监控 PLC 来控制直流调速器，调整直流电机的运行状态，模拟自然状态下不同风速时风力机的工作特性。发电机则采用永磁同步发电机。变流器采用双 PWM 背靠背变流系统，变流器控制系统则采用 DSP 控制，通过变流器控制系统控制双 PWM 变流器，完成发电机的并网送电及风力机的最大功率跟踪等实验项目。电网则采用 9kVA 调压器来模拟。下面介绍控制屏（见图 7-29）各功能块功能。

1 区：风机模拟柜电源指示区域，风机柜电源电压指示。

2 区：工业平板电脑，具有工控机的抗干扰能力，提供触摸屏式的人机界面，安装有风电监控上位机软件，能在线监控整个系统的运行，离线仿真风机的各种运行曲线。

3 区：设备运行指示区域，安装有光字牌，指示风机运行状况及机侧、网侧控制器的故障信号。

4 区：PLC 控制区域，安装有 PLC 及调速器的控制按钮，控制直流调速器的运行。

5 区：直流调速器，控制直流电机的运行状态，模拟风机的运行。

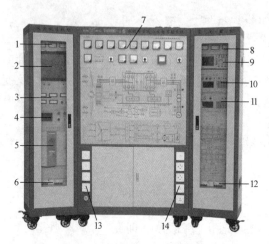

图 7 - 29　永磁同步风力发电实验系统控制屏

6 区：风机柜电源控制区域，控制整个风机柜的电源，直流调速器电源及 PC 机、PLC 的电源。

7 区：仪表指示区域，安装有智能电量表，交流、直流电压电流表，功率表及功率因数表，主要指示原动机、发电机及变流区块的运行参数。

8 区：变流柜电源指示区域，变流柜电源电压指示。

9 区：示波器，用来观察变流区块的电压电流波形。

10 区：网侧控制器，将直流电逆变成交流电并送给电网，并监控逆变的运行状态。

11 区：机侧控制器，将发电机发出的交流电整流成直流并监控原动机的运行状态。

12 区：变流柜电源控制区域，控制整个变流柜的电源，调压器电源及示波器、机侧、网侧控制器电源。

13 区：机组供电区块，给直流原动机冷却风扇供电并将发电机发出的电能送给变流区块。

14 区：模拟电网区块，连接调压器以模拟风力发电系统的电网。

项目训练一：PMSM 供电的 PWM 整流器实验

1. 实验目的

（1）了解 PWM 整流器的矢量控制方法。

（2）熟悉 PWM 整流器交流侧电流波形。

2. 实验原理

实验原理框图如图 7 - 30 所示。

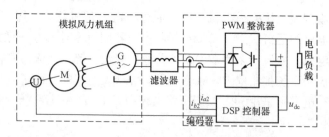

图 7 - 30　PMSM 供电的 PWM 整流器原理框图

通过风力机模拟器将风速设置为启动风速 3m/s，开始启动，用直流电机拖动三相同步永磁电机运动。此时，机组转速稳定在 800r/min，PWM 整流器没有工作，只是靠和管子并联的续流二极管做不控整流。当转速基本稳定后，通过风力机模拟器使机组转速下降，增加实时风速，当发电机转速达到 1000m/s 时 PWM 整流器切入运行，PWM 整流器通过三相永磁同步电机的转子磁场定向，对电流进行解耦控制，将发电机发出的三相交流电转换成直流电，供给后续负载，增加风速，使整流器直流侧电压上升，负载得到的功率增大。PMSM 的矢量图如图 7 - 31 所示。

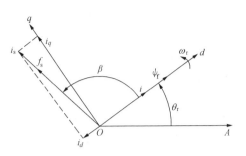

图 7 - 31　PMSM 的空间矢量图

设转子角速度 ω_r、转子磁链 ψ_f，定子电流矢量 i_s，d、q 轴分量 i_d、i_q，定子磁动势矢量 f_s，转矩角 β。本系统采用同步永磁电机，所以 $i_d = 0$，通过编码器脉冲信号，计算出电机的速度和坐标变换所需要的 θ_r 角度。速度外环 PI 调节输出作为 q 轴电流给定。电流采样经过坐标变换，在 d、q 轴上和电流给定信号比较，经 PI 调节后得到 d、q 轴电压给定，最后经过 SVM（空间矢量调制）变换输出所需要的六路 PWM 波形，作为驱动器的控制信号。

3. 实验设备

PMSM 供电的 PWM 整流器实验设备型号见表 7 - 2。

表 7 - 2　　　　　　　　　　PMSM 供电的 PWM 整流器实验设备

序　号	型　　号	数　量	备　　注
1	THNRWP - 1 型永磁同步风力发电实验系统	1	
2	PWM 变流器	1	包括机侧整流器、网侧逆变器
3	3kW 发电机组	1	
4	双踪示波器	1	
5	直流负载	1	借用卸荷负载

4. 实验内容及步骤

（1）实验准备。

1）做实验前仔细阅读使用说明书中相关内容。

2）按 THWPYC - 1 型同步永磁风力发电实验系统要求做好实验前准备。

（2）实验内容及步骤。

根据实验填写表 7 - 3。

表 7 - 3　　　　　　　　　　PMSM 供电的 PWM 整流器实验数据

模拟风速 v/(m/s)	3	6	8
机组转速 n/(r/min)			
直流电压 U_{dc}/V			

1）变流器柜网侧控制器点击"启/停"键，液晶屏显示"并网—启动"，在默认情况下机侧控制器液晶屏初始转速给定显示为"133r/min"。

2）在 PC 机上打开 THWPYC - 1 低速永磁同步发电实训系统监控管理软件进入软件主界面，点击下方"风力机模拟器"选项卡，进入"风力机模拟器运行状态"界面，调节风速给定到 3m/s，查看机侧控制器液晶屏显示风速也为 3m/s，说明通信正常。

3）依次按下风力机模拟柜直流调速器控制单元的"允许运行"和"启动/停车"按钮，直流调速器显示由 070 变为 1。回到 PC 机，点击"启动"，PC 机右侧"风力机启动"信号光字牌点亮，参看"机组转速"一栏，当电机转速稳定到 800r/min 左右时，点击"切入电网"，"并网运行"信号光字牌点亮，机侧控制器工作指示灯亮，缓慢增大给定风速，当转速上升到 1000r/min 左右时机侧控制器切入运行，开始发电，工作指示灯常亮。

4）缓慢增大风速给定，观察不同功率时的电机电流波形，当"风力模拟机运行状态"界面上直流电动机运行参数——输出功率为 1.3kW 左右时（参考风速 8m/s）的电流参考波形如图 7-32 所示。

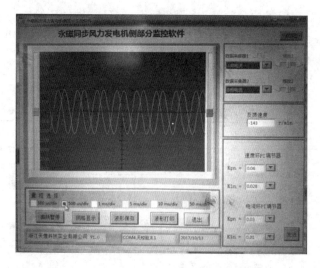

图 7-32　电流 i_{a2}、i_{b2} 波形（参考风速 8m/s）

5）由图 7-32 可知，矢量控制电机电流波形正弦化，此电流波形对电机影响较小。

6）实验结束后，先将 PC 机上风速给定缓慢减到 3m/s，等系统功率降到最低后点击"切入电网"→"启动"，再点击"启动/停车"→"允许运行"，风力模拟机停止运行，再将三相调压器调到 0，按下网侧控制器面板启/停键，关闭各电源（关电前注意直流母线上电容放电基本完成）。做完项目训练一后将所有改动恢复原样，卸荷电阻调回中间位置。

5. 注意事项

（1）开始试验之前，注意负载是接到直流母线 P、N 端子上，而不是卸荷 P、B 端子上的。

（2）用示波器观测波形时注意电机电流波形的参考点是机侧 PWM 整流器上的 AGND2。

（3）请仔细阅读使用说明书，设备工作时带有强电，操作应谨慎小心，严禁违反实验规定进行操作，设备上电后即使工作正常，也应该有人在现场进行监管。

（4）做实验前确保接线正确，三相自耦调压器一次侧、二次侧注意不要插错（调压器插座及变流器柜上均有标注）。

（5）做实验时变流器外部的接线端子带电，不要用手直接去接触。

（6）实验时，注意模拟风力的直流电机的风扇一定要接好上电，防止热量散发不出去。

（7）实验结束后，确保调压器调到 0，注意直流母线上电容放电完成。

6. 思考题

（1）PWM 整流器与不控整流的区别是什么？

（2）PWM 整流器为什么要设置一个切入转速？

7. 实验报告

（1）分析矢量控制 PWM 整流器原理及过程。

（2）记录、分析不同风速下实验波形。

项目训练二：PWM 逆变器的并网运行实验

1. 实验目的

（1）了解网侧 PWM 逆变器锁相过程。

（2）掌握 PWM 逆变器并网方式及特点。

2. 实验原理

（1）实验原理框图（见图 7-33）。

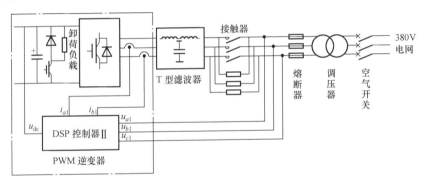

图 7-33　PWM 逆变器原理框图

作为变速恒频风力发电普遍应用的直驱同步永磁发电机，最常见的结构是通过 AC-DC-AC 的 PWM 整流逆变方式与电力系统进行柔性直接并网，AC-DC-AC 变换系统中，由发电机发出的频率变化的交流电先经过 AC-DC 电机控制变流器转换为直流电，然后再通过 DC-AC 并网逆变器将直流转换为频率恒定的交流电，直接切入电网，无冲击电流产生。

这种系统并网特点如下：

1）由于采用频率变换装置进行输出控制，并网时没有电流冲击，对系统几乎没有影响。

2）采用交-直-交转换方式，同步发电机组工作频率与电网频率是彼此独立的，发电机的转速可以变化，不必担心发生同步发电机直接切入电网可能出现的失步问题。

3）由于不采用齿轮箱，机组水平轴向的长度大大减小，电能生产的机械传动路径缩短，避免了因齿轮箱旋转而产生的损耗、噪声等。

（2）PLL 锁相技术原理（拓展知识）。在设计 PWM 并网逆变器时，准确又快速地获得三相电网电压的相位角是保证整个系统具有良好的稳定和动态性能的前提条件。本系统采用

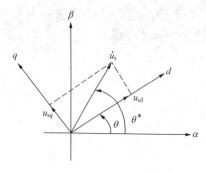

图 7-34 矢量相位差示意

一种在 d、q 坐标下用 DSP 实现的三相软件锁相环，矢量图如图 7-34 所示，当电网电压幅值，即电压合成矢量 u_s 的幅值不变时，u_s 的 q 轴分量 u_{sq} 反映了 d 轴与电网电压 u_s 的相位关系。$u_{sq} > 0$ 时，d 轴滞后 u_s，应增大同步信号频率；$u_{sq} < 0$ 时，d 轴超前 u_s，应减小同步信号频率；$u_{sq} = 0$ 时，d 轴与 u_s 同相。因此，可以通过控制 u_{sq}，使 $u_{sq} = 0$ 来实现两者之间的同相。

（3）并网传输。本系统输出恒定频率的电能，直接就近接入 380V 交流电网中。

3. 实验设备

PWM 逆变器的并网运行实验设备型号见表 7-4。

表 7-4   PWM 逆变器的并网运行实验设备

序 号	型 号	数 量	备 注
1	THNRWP-1 型永磁同步风力发电实验系统	1	
2	PWM 变流器	1	包括机侧整流器、网侧逆变器
3	3kW 发电机组	1	
4	双踪示波器	1	
5	9kVA 自耦调压器	1	

4. 实验内容及步骤

（1）实验准备。参考项目训练一。

（2）实验内容及步骤。

根据实验填写表 7-5。

表 7-5   PWM 逆变器的并网运行实验数据

模拟风速/(m/s)	并网功率	机组转速	功率因数 PF	电流 THD 值	电压 THD 值
8					
12					

1）变流器柜网侧控制器按下"启/停"键，液晶屏显示"并网—启动"；在默认情况下机侧控制器液晶屏初始转速给定显示为"133r/min"。

2）在 PC 机上打开 THWPYC-1 低速同步永磁发电实训系统监控管理软件进入软件主界面，点击下方"风力机模拟器"选项卡，进入"风力机模拟器运行状态"界面，调节风速给定到 3m/s，查看机侧控制器液晶屏显示风速也为 3m/s，说明通信正常。

3）依次按下风力机模拟柜直流调速器控制单元的"允许运行"和"启动/停车"按钮，直流调速器显示由 070 变为 1。回到 PC 机，点击"启动"，PC 机右侧"风力机启动"信号光字牌点亮，参看"机组转速"一栏，当电机转速稳定到 800r/min 左右时，点击"切入电网"，"并网运行"信号光字牌点亮，机侧控制器工作指示灯亮。当转速上升到 1000r/min 左右时机侧控制器切入运行，开始发电，网侧控制器工作指示灯亮。

4）网侧控制器工作指示灯亮，说明并网成功。观察并网成功时电流波形，分析有无冲击电流。

5）缓慢增大风速给定，当网侧输出功率在 2.0kW（参考风速 11m/s）时（电量监测仪上有显示），观察此时电网电压波形和电流波形，参考波形如图 7-35 和图 7-36 所示。

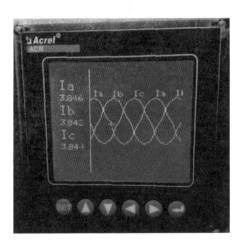
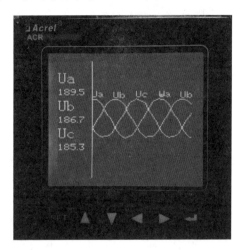

图 7-35　电流 I_{a1}、I_{b1}、I_{c1} 波形　　　　　图 7-36　电压 U_{a1}、U_{b1}、U_{c1} 波形

（参考风速 11m/s）　　　　　　　　　　　（参考风速 11m/s）

6）通过电量监测仪观察到的功率因数应在 0.99 左右，电流谐波畸变率应在 10% 以内，电压谐波畸变率应该在 5% 以内。

7）实验结束后，先将 PC 机上的风速给定缓慢减到 3m/s，等系统功率降到最低后点击"切入电网"→"启动"，再点击"启动/停车"→"允许运行"，风力模拟机停止运行，再将三相调压器调到 0，按下网侧控制器面板启/停键，关闭各电源（关电前注意直流母线上电容放电基本完成）。

5. 注意事项

（1）做实验时，注意不要插错三相自耦调压器一次侧、二次侧。

（2）做实验时变流器外部的接线端子带电，不要用手直接去接触。

（3）做实验前确保卸荷负载已经接到卸荷输出 P、B 端子上。

（4）风速给定时，需缓慢增加，注意直流母线电压不要冲击太高。

（5）实验结束后，确保调压器调到 0，注意直流母线上电容放电完成。

6. 思考题

（1）假如电网相序为负，并网过程能够完成吗，为什么？

（2）思考 T 型滤波器在系统中起什么作用？

（3）分析接触器在系统中起什么作用？

7. 实验报告

（1）简述 PWM 逆变器的并网方式。

（2）记录并网瞬时的电流波形，分析冲击电流。

（3）记录电网电流波形和电压波形。

项目训练三：PMSM 风力发电系统的 MPPT 运行

1. 实验目的

（1）了解永磁同步风力发电实验系统最大功率点跟踪的原理。

（2）了解永磁同步风力发电实验系统最大功率点跟踪的实现方法。

2. 实验原理

（1）风能利用系数。风能利用系数 C_P 是表征风力机效率的重要参数，是一个与风速、叶片转速、叶片直径均有关的量，是叶尖数比 λ 的函数。当风速固定时，通过调整风机转速到最佳转速，就可得到最佳叶尖数比 λ_{opt}，它对应的是最大风能利用系数 C_{Pmax}。

（2）最大风能捕获原理及方法。对于风力发电中 MPPT 实现策略，大致可分为三种方案，叶尖数比（TSR）控制、功率信号反馈（PSF）控制和爬山搜索法（HCS），HCS 控制法首先根据当前风速，计算最大功率参考，然后实时检测当前发电机的功率，再与最大功率比较，从而确定最大功率指令的变化方向，控制发电机在最大功率点附近运行。

本系统采用的是 HCS 控制方法，所不同的是当前风速值是未知的，最大功率指令的变化方向需要通过试探法获得，即改变发电机转速，同时计算发电机的输出功率，根据发电机输出功率的变化趋势判断出转速改变的趋势。

3. 实验准备

（1）仔细阅读 THWPYC - 2 型永磁同步风力发电实验系统的安全操作说明及系统相关的使用说明书。

（2）确保系统按照实验要求的接线方式正确完成接线。

（3）按实验指导书要求启动设备。

4. 实验内容及步骤

（1）变流器柜网侧控制器点击"启/停"键，液晶屏显示"并网—启动"；在默认情况下机侧控制器液晶屏初始转速给定显示为"133r/min"。

（2）在 PC 机上打开 THWPYC - 1 低速同步永磁发电实训系统监控管理软件进入软件主界面，点击下方"风力机模拟器"选项卡，进入"风力机模拟器运行状态"界面，调节风速给定到 3m/s，查看机侧控制器液晶屏显示风速也为 3m/s，说明通信正常。

（3）依次按下风力机模拟柜直流调速器控制单元的"允许运行"和"启动/停车"按钮，直流调速器显示由 070 变为 1。回到 PC 机，点击"启动"，PC 机右侧"风力机启动"信号光字牌点亮，参看"机组转速"一栏，当电机转速稳定到 800r/min 左右时，点击"切入电网"，"并网运行"信号光字牌点亮，机侧控制器工作指示灯亮。当转速上升到 1000r/min 左右时网侧控制器切入运行，开始发电，网侧控制器工作指示灯亮。

（4）缓慢增大风速给定，当电量监测仪上功率为 1000W（参考风速 8m/s）时，系统功率跟踪功能开始工作，电机开始调速，继续增大风速，观察电机调速，PC 机的转矩曲线和功率曲线如图 7 - 37 所示，横轴是转速变量，纵轴是功率变量。

（5）区间 1：机侧 PWM 整流器没有投入工作，输出功率随着风力模拟机转速的增大而增大；区间 2：机侧 PWM 整流器切入运行，转速不变，功率随风速增大而增大；区间 3：是最大功率跟踪开始运行，转速随风速的增大而增大。

（6）实验结束后，先将 PC 机上的风速给定缓慢减到 3m/s，等系统功率降到最低后点

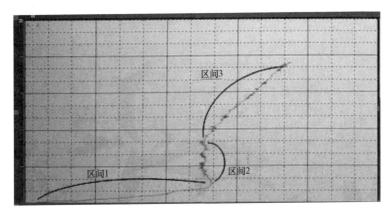

图 7 - 37　功率跟踪功率曲线

击"切入电网"→"启动"，再点击面板上的"启动/停止"→"允许运行"，风力模拟机停止运行，再将三相调压器调到 0，按下网侧控制器面板启/停键，关闭各电源（关电前注意直流母线上电容的放电）。

5. 问题与思考题

（1）简述同步永磁风力发电实验系统最大功率跟踪的原理。

（2）最大功率跟踪时转速为什么来回调节？

项目训练四：风力发电系统中的卸荷保护实验

1. 实验目的

（1）了解风力发电系统中卸荷保护电路的组成。

（2）了解风力发电系统卸荷保护过程。

2. 实验原理

如图 7 - 38 所示，同步永磁风力发电实验系统主要由风力机组、变流器和电网组成，风力机组和电网都属于能量源，变流器处于两个能量源之间，任何时刻，能量只能单向流动，且有回路。运行过程中如果风力机突然停止工作，则变流器中机侧控制器能量倒流拖动电机运行；如果电网故障或网侧跳闸，则会引起直流母线电压过高。为了系统安全运行，系统需要做如下保护：

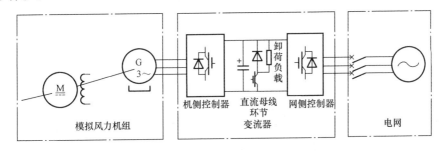

图 7 - 38　三相同步永磁风力发电系统框图

（1）系统运行后，若风力模拟机停止工作，此时，变流器中机侧控制器检测到能量倒流

（以能量从机组到电网为正方向），此时机侧控制器自动停止 PWM 整流，防止变流器拖动电机运行。

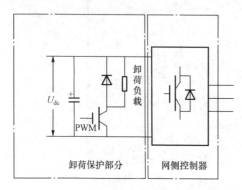

图 7 - 39 卸荷保护电路

（2）系统运行后，若电网故障或网侧跳闸，能量不能回到电网，此时，直流母线电压会升高，当网侧控制器检测到直流母线电压过高时，网侧控制器开通卸荷开关，使部分能量加到卸荷负载上，卸荷保护电路见图 7 - 39。如果直流母线电压继续升高，变流器发保护指令给风力机控制器，停止风力机工作。

3. 实验准备

（1）仔细阅读 THWPYC - 2 型永磁同步风力发电实验系统的安全操作说明及系统相关的使用说明书。

（2）确保系统按照实验要求的接线方式正确完成接线。

（3）按实验指导书要求启动设备。

4. 实验内容及步骤

（1）变流器柜网侧控制器按下"启/停"键，液晶屏显示"并网—启动"，在默认情况下机侧控制器液晶屏初始转速给定显示为"133r/min"。

（2）在 PC 机上打开 THWPYC-1 低速永磁同步发电实训系统监控管理软件进入软件主界面，点击下方"风力机模拟器"选项卡，进入"风力机模拟器运行状态"界面，调节风速给定到 3m/s，查看机侧控制器液晶屏显示风速也为 3m/s，说明通信正常。

（3）依次按下风力机模拟柜直流调速器控制单元的"允许运行"和"启动/停车"按钮，直流调速器显示由 070 变为 1。回到 PC 机，点击"启动"，PC 机右侧"风力机启动"信号光字牌点亮，参看"转速反馈"一栏，当电机转速稳定到 800r/min 左右时，点击"切入电网"，"并网运行"信号光字牌点亮，机侧控制器工作指示灯亮，网测控制器工作指示灯闪烁，当转速上升到 1000r/min 左右时机侧控制器切入运行，开始发电，工作指示灯常亮。

（4）缓慢增大风速给定，当网侧输出功率在 1000W（参考风速 8m/s）时，将调压器突然旋到 0，网侧控制器卸荷指示灯亮，能量输出由电网切换到负载上，几秒钟后，故障指示灯亮，保护动作，风力模拟机停止工作。

（5）实验结束后，先将 PC 机上的风速给定减到 3m/s，等系统功率降到最低后点击"切入电网"→"启动"，再点击"启动/停车"→"允许运行"，风力模拟机停止运行，将三相调压器调到 0，按下网侧控制器面板启/停键，关闭各电源（关闭前注意直流母线上电容的放电）。

5. 注意事项

（1）做实验前确保接线正确，三相自耦调压器一次侧、二次侧注意不要插错。

（2）做实验时变流器外部的接线端子带电，不要用手直接去接触。

（3）风速给定时，需缓慢增加，注意直流母线电压不要冲击太高。

（4）实验时，注意模拟直流风机的风扇一定要接上，防止热量散发不出去。

（5）实验结束后，确保调压器调到 0，注意直流母线上电容放电完成。

6. 问题与思考题

(1) 简述本系统风力发电保护方法。

(2) 思考卸荷电阻的卸荷速度和哪些因素有关。

思考与拓展

1. 简述同步发电机的基本结构。

2. 简述永磁同步发电机并网电路的基本作用。

3. 同步发电机和异步发电机的区别是什么？

4. 简述直驱永磁风力发电机的特点。

5. 风力发电机组对发电机的总体要求是什么？

6. 同步发电机的励磁方式有几种？

7. 比较异步发电机和同步发电机在风力发电中的应用。

参 考 文 献

［1］李俊峰．中国风电发展报告．北京：中国环境科学出版社，2012.

［2］许昌．风电场规划与设计．北京：中国水利水电出版社，2014.

［3］王建录，赵萍，林志民，等．风能与风力发电技术．3 版．北京：化学工业出版社，2015.

［4］孙强．风电场运行与维护．北京：中国水利水电出版社，2016.

［5］王玉国．风电场建设与管理．北京：中国水利水电出版社，2017.

［6］吴崇．海上风电场设计与运行．北京：中国水利水电出版社，2017.

［7］龙源电力集团股份有限公司．风电工程建设标准工艺手册．北京：中国电力出版社，2017.

［8］姚兴佳．风力发电机组原理与应用．4 版．北京：机械工业出版社，2018.

［9］中国大唐集团公司赤峰风电培训基地．风力发电技术基础．北京：中国电力出版社，2020.

［10］中国大唐集团公司赤峰风电培训基地．风电场建设与运维．北京：中国电力出版社，2020.